THE PROFESSIONAL AGILE LEADER
THE LEADER'S JOURNEY TOWARD GROWING MATURE AGILE TEAMS AND ORGANIZATIONS

プロフェッショナル アジャイルリーダー

組織変革を目指すトップとチームの成長ストーリー

長沢 智治 訳

RON ERINGA, KURT BITTNER, LAURENS BONNEMA

丸善出版

THE PROFESSIONAL AGILE LEADER

The Leader's Journey Toward Growing Mature Agile Teams and Organizations

1st Edition

by

Ron Eringa, Kurt Bittner, Laurens Bonnema

Authorized translation from the English language edition, entitled THE PROFESSIONAL AGILE LEADER : The Leader's Journey Toward Growing Mature Agile Teams and Organizations, 1st Edition by Ron Eringa; Kurt Bittner; Laurens Bonnema, published by Pearson Education, Inc, Copyright © 2022 Pearson Education, Inc.

All rights reserved. No part of this book may be reproduced or transmitted in any form or by any means, electronic or mechanical, including photocopying, recording or by any information storage retrieval system, without permission from Pearson Education, Inc.

JAPANESE language edition published by MARUZEN PUBLISHING CO., LTD., Copyright © 2025.

JAPANESE translation rights arranged with PEARSON EDUCATION, INC. through JAPAN UNI AGENCY, INC., Tokyo, JAPAN

刊行に寄せて

　最近、ある経営幹部とアジャイルへの移行について話をしました。彼は、素晴らしい成功と残念な失敗の両面について語ってくれました。これらの状況について話しながら、「なぜ（Why）？」、「何を（What）？」、「どうすればよかったか（How）？」を取り上げました。衝撃を受けたのは、失敗が決してスクラムチームやチームの間にあるのではなく、従来の工業生産重視の組織の中でアジャイルチームがもたらす衝突にあったということです。さらに、これらの失敗の多くが、最終的にはリーダーシップに起因しており、また従来型とアジャイルの2つのパラダイム間の断絶を上手く乗り切ろうとしてとった彼らの誤った行動に起因していたのです。

　私にとって特に印象的だったスプリントレビューが上手くいかなかったというエピソードを紹介しましょう。スプリントゴールの設定が不十分なため、何を提供しようとしているのか、チームは十分に理解していませんでした。スプリントレビューには、最も重要なステークホルダーと管理職を招待し、実際に参加してもらいました。スプリントレビュー本来の目的は果たせていました。それにより、チームが直面していた課題が明らかになり、チームの誤解も浮き彫りになりました。しかし、同時に最終的なプロダクトゴールに対する支援が組織全体でいかに不足しているかが露わにもなりました。楽しくもなんともないイベントでした。スプリントレビュー後に誰もが動揺しただけでなく、スプリント中のチームの作業と貢献に疑問を持ってしまったのです。

　次に起きたことはより酷いものでした。参加していたシニアリーダーが、スクラムチームに対してグループとしても個人としても詰め寄ってきたのです。彼はスクラムチームに対して「あんな恥を二度とかきたくない」と言い出し、さらに「あなたたちの多くはキャリア選択を考えるように」と言ってきたのです。彼は、チームに対してシニアステークホルダーと関わりを持たないように要請してきま

した。彼は、シニアステークホルダーとのすべてのやり取りを彼自身で管理することにしたのです。このたった一度の対応により、このシニアリーダーはスクラムチームのやる気だけでなく、経験的プロセスを使いたい、アジャイルでありたいというチームの願いをも壊してしまったのです。

　みなさんならば、次のスプリントレビューで何が起きたのか想像がつくでしょう。すべてが「素晴らしい」ものになったのです。シニアステークホルダーたちは招待されず、出席したシニアリーダーのための単なる進捗報告会になったのです。スクラムチームのメンバーたちは、より有力な別のプロジェクトを見つけて、このプロジェクトはゆっくりと消滅していきました。

　ここで挙げたエピソードは極端ですが、組織のリーダーがそれとなく自分たちのイメージを守ろうとしたり、すべてを確実に自分たちの思いどおりにしようとしたりすると、たびたび起こることなのです。また、これは理にかなってもいます。従来のアプローチとは、構造化されたコミュニケーション手段と社内政治の重視によって行われているからです。そのため、リーダーは、経営幹部用ダッシュボードであらゆるものが「緑色や黄色」（上手くいっているか、やや懸念があるか）でわかりやすく表示されていることを望むのです。先ほど例に挙げたスプリントレビューでシニアリーダーの何がよくなかったのかは簡単にわかります。では、アジャイルリーダーはどうやって軌道修正すればよいのでしょうか。アジャイルリーダーになるためには何が必要なのでしょうか。

　大規模な組織の管理職や経営陣と話していると、「スクラムガイドには私の役割が載っていません。どうすればよいですか？」と訊かれることがよくあります。実は、このひとつの質問には 2 つの質問が混ざっているのです。最初の質問は、彼らの状況においてスクラムが与える影響とは実際のところどうなのか、というものです。既存の責任や説明責任はどうなるのか、それによりスクラムチームやスクラムチームが解決しようとしている問題はどんな意味を持つのか、ということなのです。2 つ目の質問は、より深いものです。リーダーシップの役割とは何なのか、脱工業化社会におけるリーダーシップとは何かということなのです。

　本書は、この 2 つの質問に対する具体的な解決策を提示しています。Ron、Kurt、Laurens の 3 人は、その豊富な経験をもとに、多くの状況の実態を描写し、優れたリーダーシップを発揮するための実践的な秘訣やパターンを導き出し

たのです。

　3人は、アジャイルチームが上手くいくための環境をリーダーがどのように整えられるかを、手引きとして提示しています。彼らは、目的とミッションの重要性、アウトプットに注力する組織ではなくアウトカム（成果）に注力する組織に変える方法、サーバントリーダーシップの威力、さらにはリーダーシップの価値という難しいトピックも取り上げています。本書で述べている教訓の多くは、私自身の経験や他の人を見てきたことからも、心に響くものばかりです。本書は語りかけるようなスタイルで読みやすく、ドリーンのケーススタディや価値に対するアジャイルなアプローチと従来のアプローチ間の衝突に、みなさん自身を重ね合わせることがきっと何度もあるはずです。

　Ron、Kurt、Laurens の3人は、デジタル時代を活用し、またデジタル時代を生き抜くために、従来の産業組織がどのように変化しなければならないのかを語った本を書いたのです。彼らはリーダーに焦点を当てています。さらに、変化するのが当たり前で、どこにでも機会があり、困難がすぐそこにあるときに、従来のマネジメント方法をよしとする考えを見直さなければならない事実が多くあるという厳しい現実にも焦点を当てています。

　私と同じように本書を楽しく読んでほしいです。そして、みなさんがみなさんの世界を変えようとするとき、またその変化の中で発展していこうとするときに、少しでも何かを感じとっていただければ幸いです。

Scrum.org 最高経営責任者

Dave West

日本語版刊行に寄せて

『プロフェッショナルアジャイルリーダー』が日本で出版されることは、私たちにとって恐縮するとともに大変光栄なことです。うれしく思います。私たちの書籍が日本語に翻訳されることは、私たちにとって特別な意味のある節目だからです。なぜなら、アジャイルコミュニティにとって日本とは深いインスピレーションの源だからです。日本の理念から生まれたカイゼンやリーンのような概念は、リーダーシップや改善に対する私たちの考え方を形づくってきました。私たちのアイデアが一巡し、今、日本の読者と共有できることは、信じられないほどのやりがいを感じさせてくれます。

本書を最初に出版したとき、予想以上の反響がありました。アジャイルリーダーシップが時代に合ったテーマであることはわかっていましたが、世界中で巻き起こった議論によって、肩書きや役割を超えてリーダーシップを理解する重要性を再認識することになったのです。私たちは、本書の日本語版が同じように、特に日本でのリーダーシップの取り組み方や実践方法について、有意義な対話を促すものになることを願っています。

日本で「リーダー」というと、役職のない社員たちを調整する意味合いで用いられたり、引き受けるのを躊躇するくらい責任の重い役割とみなされたりすることが多いことを、私たちは理解しています。このような認識は多くの国や地域でもよくあることで、「リーダーシップ」という概念を難解なものに感じさせてしまうことがあります。しかし、本書では、リーダーシップの別の見方を提案しています。リーダーシップとは、権限やマネジメントに縛られず、影響力、コラボレーション、成長をもたらすものだという見方です。

アジャイルへの移行におけるリーダーシップの課題について考えるとき、これらが日本に限った課題ではなく、世界中で共通して見られているものであることを知ってほしいのです。Scrum.org の最高経営責任者である Dave West は、本

書の「刊行に寄せて」で、これらの課題について印象的な例を挙げてくれています。彼は、従来のリーダーシップのアプローチによって、スクラムチーム内で衝突を生み出してしまったエピソードを紹介しています。この例では、リーダーが組織を失敗から守り、統制しようとしたことが、アジャイルの基本にあるはずのチームのモチベーションと経験的プロセスへの信頼を意図せずに抑圧してしまったのです。

　このような従来のリーダーシップによる反応は、往々にして従来のマネジメント手法に根ざしていることが多く、アジャイルの協調性、透明性、適応性といった性質と衝突することがあります。このエピソードは、リーダーが行わなければならない重要な転換を強調しているのです。すなわち、統制からエンパワーメント、信頼、責任の共有へと転換することです。Dave の例は、日本ではない地域におけるリーダーシップの課題を浮き彫りにするものですが、彼が論じている原則は、日本の組織にも非常に当てはまるものです。多くのリーダーが、従来のマネジメントからアジャイルリーダーシップへのパラダイムシフトを遂行する際、同様の苦悩を経験しています。リーダーシップの概念が権限と密接に結びついていたり、負担とみなされたりする環境では特にそうです。

　本書では、チームが成長できる環境を作り出す原動力として、アジャイルリーダーシップに焦点を当てることで、この転換を実現するための道標を提示しています。私たちは、サーバントリーダーシップ、権限のあるチーム、コラボレーションの促進といった重要なテーマを探求しているのです。これらはすべて、今日の急速に変化する世界でレジリエンスと適応力のある組織をつくるために必要となるものなのです。

　私たちが定義したアジャイルリーダーとは、肩書きや正式な権限を持つ人だけを指していません。支援、透明性、継続的改善を通じて共通のゴールに向かってチームを導く人たちなのです。アジャイルリーダーは、リーダーシップとは状況に応じて変化するもので、チーム全体に分散していることをわかっています。統制や意思決定に重点を置くことが多い従来のマネジメントとは異なり、アジャイルリーダーシップは、エンパワーメントと他者が上手くいくように促すことに重点を置いています。

　本書を読みながら、みなさん自身の経験をふりかえり、リーダーシップを役割ではなく、共有すべき責任として考えてみてください。本書が、地位や肩書きに

かかわらず、前向きに変化に貢献できる新たな可能性を見出す一助になれば幸いです。アジャイルとは、変化を受け入れ、常に学ぶことなのです。つまり、この資質は、日本の継続的改善の文化と一致するものだと信じています。

　日本での本書の反響を楽しみにしています。進化するアジャイルの世界でリーダーシップを目指す多くのみなさんの参考となることを願っています。

2024年9月
敬意と感謝を込めて

Laurens、Kurt、Ron

まえがき

　世界中の本棚には、リーダーシップに関する書籍が溢れています。さまざまな経歴を持った著者たちが、優れたリーダーの事例を称賛し、模倣したようなタイトルを次々と発表しています。それにもかかわらず、いまだに多くの人々が悪しきリーダーの支配に耐え、不確かなゴールに向かって無意味に努力をして、「いつになったら状況が変わるのだろうか？」と思い悩んでいます。

　私たちは、リーダーシップに関する多くの文献には2つの問題点があると考えています。まず、優れたリーダーの振る舞いに焦点を当てても、リーダーシップをどのように身につけたかについてのインサイトはほとんど得られないということです。優れたリーダーの不確実性の高い状況での最初の一歩、優れたリーダーがこれまでと別の選択をするに至った困難な選択肢や困難な事情、優れたリーダーが他の方法を選択した代償を目にすることはほとんどありません。作り話みたいな成熟したヒーローのようなリーダーを目にすることはあっても、後にリーダーになるための最初の一歩を踏み出すような、失敗しながら学ぶ人やおぼつかないプロフェッショナルの姿を目にすることはないのです。

　ヒーローのようなリーダーを崇拝することのもうひとつの問題点は、上手くやろうとするリーダーシップの日ごろの行いを覆い隠してしまうことなのです。リーダーはスーパーヒーローではないのです。リーダーはどこにでもいるのです。むしろ、リーダーシップの機会はどこにでもあり、それを発揮するかどうかは、みなさん次第なのです。

　私たちは、リーダーが生まれながらにして優れたリーダーの資質を備えているとは考えていません。これまで一緒に仕事をしてきた優れたリーダーたちは、他の人たちが共通のゴールを達成するのを手助けすることに深い関心を抱いている普通の人でした。また、幸運にも他の人たちを導くために別の方法を示すような経験をしてきた人でした。リーダーシップとは、世の中の課題への対応を学ぶも

のなのです。それゆえ、誰もがそれぞれの場面でリーダーシップを発揮できると信じています。実際、この複雑な状況における課題に対応するためには、誰もがそれぞれのタイミングでリーダーシップを発揮する必要があるのです。

本書は、組織の人たちがどのようにしてリーダーシップの潜在能力を身につけるのか、リーダーの行動についての先入観をどうやって捨てられるのか、よりよい将来に向けてともに仕事をする方法を学び合うにはどうするのかについて書かれています。私たちのゴールは、リーダーの行動、リーダーの考え方、そして最も重要なのは、どのようにしてそこに到達したのかについて、私たちが学んだことを分かち合うことなのです。みなさん自身のリーダーシップを探究する一助になれば幸いです。

2022 年 4 月

Ron、Kurt、Laurens

はじめに

「古人の跡を求めず、古人の求めたるところを求めよ」

松尾芭蕉（1644〜1694 年）

　世界中の上手くいっている組織でさえ、絶え間ない変化に対応しようと躍起になっています。過去の成功体験がどうであれ、かつてのような将来が保証されているわけではありません。実際、最も変わらなければならないときに限って、過去の成功体験によって慢心してしまいがちです。顧客や競争相手が変化に対応するにつれ、市場は転換し、趣向は変わり、市場での支配的な地位は一夜にして失われることもあるのです。

　私たちが経営陣からよく耳にするのは、組織をよりアジャイル（より機敏で、より反応性がある状態）にしたいという願いです。経営陣が感じているディスラプションとは、彼らのビジネスのデジタルな部分に少なからず存在しています。そのため、経営陣は変化への示唆を与えるために、スクラムのようなアジャイル開発フレームワークに目を向けることが多いのです。これらのフレームワークは、確かに開発チームがアジリティを実現するのに役に立ちます。それにもかかわらず、経営陣は、「いくつかのチームから組織全体に変化をスケーリングできない」、「この変化を定着させることができない」と言うのです。そう、何かを見落としているのです。

　アジリティ、あるいは私たちが好んで呼んでいる反応性とは、組織の文化に対しての深い変化からもたらされる結果なのです。文化とは、規範、価値観、そして状況に対する反応性の微妙で複雑な組み合わせを表す簡潔な単語です。文化を変えることは簡単なことではありませんし、簡単であってよいわけがありません。文化は、社会や集団、さらには組織の人たちを結びつける力のようなものだからです。

xii　はじめに

　リーダーは、明確な方法ではなく、また独断や指示でもなく、むしろ実証することによって組織内に文化を浸透させます。適切で望ましい振る舞いを手本とすることで、リーダーが組織文化を形成し、その文化がやがて組織を導くことになります。つまり、組織の反応性を高めるには、組織のリーダー自身が変わらなければならないのです。

本書の目的

　リーダーは難しい課題を抱えています。リーダーは、チームのエンゲージメントとオーナーシップを高めようと努めます。一方、組織の文化では、たいていは創造性、自己組織化、自律性ではなく、コンプライアンスと過失防止を重要視します。またリーダーは、厳しく注目を浴びる中で活動しているため、新しいことを学ぶための当たり前の手段であるはずの試行錯誤に頼ることができません。リーダーにはやり方を示してくれるメンターがいないため、彼らには進むべき道を見出すことが難しいのです。

　私たちのゴールは、組織内の典型的なリーダーが、自分自身を変えながら組織を変えるという課題に直面したときの成長過程を説明することです。彼らが歩む道のりは、理想とは程遠いものです。それゆえ、彼らには実験し、失敗し、学び、適応していくことが望まれています。本書で描かれるケーススタディはフィクションですが、エピソードはすべて著者たちが実際に経験したり、目にしたりした状況に基づくものです。そして、これらのエピソードはみなさんが遭遇する可能性がある状況のすべてを扱えているわけではありませんが、リーダーが直面する最も一般的な状況のほぼすべてが取り上げられています。

　それぞれのアジャイルリーダーの成長過程には違いがあります。それゆえ、それぞれが別の道を歩み、それぞれの課題に直面します。それでも、それぞれのアジャイルリーダーは単一のゴールを共有しています。それは変化する難しい状況で成功を収めながら、組織がレジリエンスと柔軟性を実現できるように支援するというゴールです。本書では、さまざまな形で、アジャイルリーダーに関する成長過程によくある私たち自身の経験を共有しています。私たちが芭蕉の言及した古人*1であると主張することはできませんが、私たちの経験を分かち合うこと

---
　*1（訳者注）「古人」とは「賢者」のような人物像を指す。

で、みなさん自身のアジャイルリーダーへの探究に役立つアイデア、アプローチ、テクニックを提供できればと考えています。しかし、みなさん自身の成長への道を見つけて、みなさん自身やみなさんの組織に合った取り組みを見つけてください。

本書を読み終えるころには、みなさんが直面するリーダーシップの課題に対して、今までと異なるアプローチを取れるようになっていることを願っています。私たちは、何をすべきかを教えることはできませんが、本書で説明するエピソードは、組織を適応させ、改善するためのみなさん自身なりの方法を見つけるのに役立つことでしょう。

本書の対象読者

本書では、正式な権限の有無にかかわらず、あらゆるレベルのリーダーに対して、組織内でアジャイルチームを支援し、成長させるために役立つ戦略やメンタルモデルを紹介しています。それにより、チームを率いる管理職やチームを支援する職能分野の管理職は、直面する課題を克服するための戦略やリーダーとしての潜在能力を最大限に発揮するために必要な道筋を見出すことができます。経営陣の上層部は、管理職が直面している課題を、彼らの取り組み方と彼らの組織における役割の捉え方の観点から、より深く理解できるようになるでしょう。最後に、スクラムマスター、プロダクトオーナー、そしてチームメンバーにとっては、組織の管理職が直面している課題と、管理職の成長、チームの成長、組織の成長を支援するためのリーダーシップの発揮の仕方について認識を深めることができるでしょう。

本書の構成

本書は、急成長企業の買収を主導している最高経営責任者のドリーンが、どうすれば自分の会社も同じように上手くいくのかを模索する過程をストーリーとして描いたものです。読者は、このリーダーが、自分自身と周りの組織を変えようと取り組み、葛藤する姿を目の当たりにするでしょう。このストーリーは、著者である私たち自身の経験と、私たちの顧客や同業者の経験を融合させたフィク

ションです。なお、実在の人物や具体的な出来事に類似している点は偶然による
ものです。

　このストーリーでは、組織がアジリティへ転換するのを、リーダーが支援する
際に直面する典型的な課題が描かれています。多くの実際の状況と同じく、真の
アジリティには文化の転換が必要となることが、ストーリーのかなり後半で明ら
かとなります（第5章と第8章）。本書を読めば、これら後半の章からの学びを
みなさんが適用することで、アジャイルリーダーシップへの道を歩み始める準備
ができることでしょう。そうすれば、ドリーンのストーリーに見られるたくさん
の落とし穴やフラストレーションを回避でき、アジャイルチームにとってよりよ
いリーダーになれるのです。

　著者たちは、全員がスクラムのコミュニティに深く関わっていますが、本書を
読むにあたって、スクラムの知識は必要ありません。私たちは、スクラム固有の
用語、スクラムの「イベント」や「責任」の利用を意図的に避けました。本書で
説明しているアプローチは、どのようなアジャイルのアプローチであっても用い
ることができることを強調するために、より一般的な表現にしました。

　主な舞台は、古くて、大規模で、伝統的な電力会社です。ほとんどの組織が直
面する課題についての解説や考察、課題に正面から取り組むための戦略について
の議論を織り交ぜながら、組織の成長過程が展開されていきます。意図として
は、提示したケーススタディについての完全なストーリーを示すことではなく、
むしろ、これらのエピソードでは、アジャイルリーダーの成長過程の中で重要な
出来事を簡潔に表現しています。

　各章の終わりには、主人公のアジャイルリーダーであるドリーンの視点から、
その章の重要な学びを表す（Laurens による）要約スケッチがあります。斬新
な形式で可視化することで、その章で提示した概念を思い出すことができ、また
強固にすることを狙っています。これらのスケッチノートは付録 B にもまとめ
られています。

　第1章「転換期にある組織」では、かつて上手くいっていた組織が行き場を
失ってしまった様子を描いています。従来のビジネスモデルに依存していては、
組織は生き残ることができず、顧客や競争相手に対応するのに苦闘しています。
内紛や不満が組織の対応力に制限をかけており、アジリティに向けて講じた手段
はほとんど効果を発揮していません。最高経営責任者はある企業を買収し、その

企業の戦略を組織に適応させることで市場に再び参入することを意図しています。進むべき道が明確なわけではありません。

第2章「**チームの組成と目的の発見**」では、職能横断的なチームを強化することが、アジャイルへの移行の出発点であることを説明しています。適切なスキル、態度、モチベーションを持っている適切な人材を見つけることは不可欠ですが、見落とされがちな出発点でもあります。チームを組成したら、まずは自分たちの存在意義（Why）や何を達成しようとしているのか（What）を再認識しなければなりません。ほとんどの組織がやってみて初めて気がつくことになりますが、予想以上に難しいことなのです。顧客が何を望んでいるのか、本当の顧客は誰なのかは、誰もがわかっているつもりでいますが、手持ちのわずかなデータではそれを裏づけることはできないのです。よりよいデータ、より斬新なインサイト、より迅速なフィードバックが必要であることにすぐに気づくことになります。

第3章「**アウトプットからインパクトへの転換**」では、チームとそのリーダーが作業を実行することから達成すべき結果へと焦点を転換することはいかに苦労を伴うかが描かれています。作業を計測すること自体は簡単でした。リーダーはチームメンバーの作業をただ見ていればよく、計画と作業を比較するだけでよかったのです。しかし、今では彼らは自分たちの作業が顧客やビジネスの成功へ与えたインパクトについて、計画どおりかどうかを評価するだけでは何もわからないことに気づいたのです。提供頻度が向上するにつれ、彼らは自分たちの計画がいかに的外れであったのかを理解し始め、絶望と希望の両方で溢れかえるのです。誰にとっても重要な転換点が訪れるのです。

第4章「**手放すことを学ぶ**」では、チームとそのリーダーがよりフィードバック主導型になることでどのように変化していくのかが描かれています。フィードバックに基づいてより迅速に行動するために、チームが自分たちで決定を下す責任を強化していきます。しかし、従来の管理職にとっては、自分たちの権限や地位が脅かされるため納得できません。チームメンバーの中には、自分が組織においてどのような役割を果たしているのか、どのように仕事を進めていけばよいのか悩んでいる人もいます。この戸惑いを乗り越えた人たちは、新たな貢献の仕方や、新たなやり甲斐を見出せるのです。

第5章「**予想どおりの存亡の危機**」では、上手くいっているけれども、まだ自分たちの課題とも向き合っているような新しいアジャイルチームが、自分たち

が起こしている変化について、所属組織からの圧力を感じられるようになったときに何が起こるのかを説明しています。このチームが達成している結果に危機感を覚えた所属組織の他の管理職は、アジャイル組織に対して「ルールに従う」ようにと最高経営責任者に圧力をかけてきます。しかし、最高経営責任者は自分が見ている進捗状況に満足しており、アジャイルチームがやっていることが他と何が違うのかをもっと理解したいと思っています。

第6章「**リーダーはどこにでもいる**」では、チームメンバーもリーダーのあり方を学ぶこと、そしてすべてのレベルでリーダーシップを育むことが組織の反応性やレジリエンスを高めることに繋がる理由について説明しています。リーダーシップは、役割ではなく活動であり、リーダーのミッションは他のリーダーの成長を支援することなのです。組織がどのようにして自己組織化を受け入れるかを学ぶにつれ、あらゆるレベルでのリーダーシップを育成することが重要な推進力となるのです。

第7章「**組織との整合性**」では、組織がチームごとやプロダクトごとにアジリティを向上させていく中で、アジャイルへの移行を継続することに完全にコミットするのか、あるいは以前のやり方に戻してしまうのかの結論に至るまでを説明しています。組織は、アジャイルと従来の2つの異なるオペレーションモデルを併存させながら、長期間にわたって継続させることができるのです。しかし、この2つのモデルをいつまでも維持することはできないため、最終的にはどちらかを選択しなければなりません。この章では、以前のやり方に逆戻りするのを防ぐために、どのような選択をすべきかについて説明します。

第8章「**文化との調和**」では、組織の文化を変えることについて説明しています。これは、アジャイルリーダーが直面する、最後にして最もインパクトのある課題です。文化は、信念や習慣を含め、組織の人たちが示す社会的な振る舞いと規範をもたらします。アジャイルリーダーは、アジリティを受け入れて、アジリティを体現するような組織文化へと変えることによって、将来ディスラプションに直面したとしても、組織でアジリティが確実に継続、発展できるようにします。

付録A「**効果的なリーダーシップのためのパターンとアンチパターン**」では、従来のリーダーシップの振る舞いとアジャイルリーダーがとる振る舞いについて説明しています。従来のリーダーシップの振る舞いは、チームが効果的な自己管理の振る舞いを身につけることにあまり効果的ではありません。アジャイルリー

ダーの振る舞いでは、チームが効果的な自己管理の振る舞いを身につけるための支援を行います。付録Aは、アジャイルリーダーが以前の習慣に逆戻りしないように参照できるクイックリファレンスになっています。

付録B「ドリーンのスケッチノート」は、それぞれの章の終わりに掲載されている要約スケッチを集めたもので、本書全体を視覚的に迅速に把握できるようになっています。

私たちが意図しているのは、みなさんをアジャイルリーダーがたどる典型的な成長過程に案内し、私たちや私たちの顧客、そして私たちの仲間が経験したリーダーシップの変革を身をもって体験してもらうことです。これらの経験とそれらに対する私たちの考察を読むことで、みなさん自身のアジャイルへの移行に役立つストーリーと解説が見つかることを願っています。

最後の章では、みなさん自身のリーダーシップに向けた計画づくりに役立つ、いくつかの具体的なガイドラインを紹介しています。これらのガイドラインは、みなさんが取り組み始めるのを手助けし、私たちが経験した失敗から学ぶためのよりよい準備となるでしょう。どうか読み飛ばさないでください。これらのガイドラインは、これまでの章で説明した成長過程の文脈の中でこそ、より意味のあるものとなるからです。

前置きはこれくらいにして、アジャイルへ向けた取り組みのほとんどすべては、変化する中で自らを変革しようと奮闘する組織から始まるのです。

謝　辞

　すべての書籍の著者の背後には、アイデアを洗練させたり、アイデアの表現を改善したり、あるいはアイデアの表現を作り上げるのにただただ時間を割いてくれたコミュニティの人たちがいるのです。本書は、多くの人たちの支援と励ましがなければ出版されることはなかったでしょう。

　Ken Schwaber を含む、Scrum.org コミュニティの仲間たちは、経験主義とボトムアップ型のインテリジェンスへコミットし、斬新な目でリーダーシップの課題を見つめるように、私たちに問いかけ続けてくれています。Dave West の支援と激励によって、私たちは本書に取り組むための時間を捻出することができました。Patricia Kong は、コミュニティの力を高めることで人々がひとつにまとまり、個人で成し遂げる以上のことができるという見本のような人物です。Ryan Ripley と John Davis はこの書籍の構想段階よりもずっと前に、私たちの Professional Agile Leadership Essentials 研修コースにおけるリーダーシップのストーリー作りを手助けしてくれました。

　私たちのリーダーシップコミュニティの仲間たち、とりわけ、Steven Happee と Jorgen Hesselberg は鋭い視点と思慮深い知性で、私たちによりよい表現ができるように導いてくれました。そして、Rini van Solingen は、私たちの初期のラフな書籍アイデアにフィードバックをくれて、彼の持つ執筆経験を分かち合ってくれました。

　私たちの長年のキャリアの中で、数えきれないほどの顧客、同僚、受講生が、私たちのリーダーシップに対する考え方を形成し、その経験からの着想を得て本書のストーリー展開を作り上げることができました。

　Haze Humbert をはじめとするピアソンの同僚のみなさん、そして編集者やプロダクションの専門家によるチームのおかげで、私たちのアイデアを出版物としての書籍にすることができました。

xx　謝　辞

　そして最後に、私たちの家族は、快く、そして忍耐強く、みなさんが今読んで
くれている本書を書いたり、書き直したり、スケッチを描いたりする時間を与え
てくれました。

著者たちについて

Ron Eringa は、リーダーシップの開発者です。彼のミッションは、働く人たちが仕事に誇りを持てるようになり、真の意味での顧客価値が創造できる組織を作れるようにすることです。この 20 年間では、アジャイルとスクラムを採用している IT 組織を主導する方法についての専門知識を身につけてきました。電気工学とソフトウェア工学の教育を受けた後、Ron は、さまざまなリーダーシップの職務を担いました。これらの職務の中で、彼は高いレベルの成熟度と創造性を備えた自律的なチームを作るために不可欠なリーダーシップの能力を発見しました。彼は、自律的なチームこそが、この複雑で変化し続ける中で上手くいくモダンな組織の基礎となる中核であると信じています。本書に出てくるストーリーの多くは、Ron が Scrum.org コミュニティのリーダーシップのエキスパートとともに Professional Agile Leadership Essentials 研修コースを開発したときに形作られたものです。文化の変化とリーダーシップの育成に関する彼の専門知識を織り交ぜることで、Ron は多くのリーダーを触発し、彼らの潜在能力を最大限に引き出せることを望んでいます。

Kurt Bittner は、40 年近くにわたりフィードバック主導型の短いサイクルで実用的なプロダクトを提供し、多くの組織でも同様なことができるように支援をしてきました。特に、顧客に愛されるソリューションを提供すること、強力で、自己組織化されて、高いパフォーマンスを発揮できるチームの組成を支援することに関心を持っています。また、経験的なフィードバックを活用して、顧客のアウトカムに焦点を当てたゴールを達成できる組織の支援にも関心を持っています。彼はアジャイルプロダクト開発における多くの書籍の著者でもあり、編集者でもあります。彼の関わった書籍などには、『プロフェッショナルスクラム虎の巻（*Mastering Professional Scrum*）』（花井宏行・高江洲睦・水野正隆・斎藤紀彦・木村卓央 訳、丸善出版、2025 年刊行予定）、『ゾンビスクラムサバイバルガイド

（*The Zombie Scrum Survival Guide*）』（木村卓央・高江洲睦・水野正隆 訳、丸善出版、2022 年）、"*The Nexus Framework for Scaling Scrum*"、"*The Professional Scrum Team*"、「Professional Agile Leadership Essentials」研修コース、「エビデンスベースドマネジメントガイド」、「Nexus ガイド」があります。

Laurens Bonnema は、アジャイルトレーナーであり、マネジメントコンサルタントでもあります。また、あらゆる規模のレジリエンスに富んだ組織を作るリーダーのメンター役でもあります。彼は、IT 業界におけるほとんどの職務を経験しています。Professional Scrum Master、Certified Scrum Master、Certified Scrum Product Owner、Certified Agile Master、Agile Master Assessor、IPMA Agile Assessor、そして、PRINCE2 Practitioner として、Laurens は、それがプロフェッショナルマネジメントの未来であるという信念のもと、従来のマネジメントとアジャイルマネジメントの融合に尽力しています。Professional Scrum Trainer、SAFe Program Consultant として、マーケティング、人事、経理のみならず、ソフトウェアデリバリーの専門性の向上にも支援しています。Laurens は、1999 年からエンタープライズ IT に携わり、2006 年からスクラムチームに参加した経験を活かして、教えています。彼はアジャイルコミュニティにおける牽引役であり、カンファレンスやイベントでも人気のあるスピーカーです。

目　次

刊行に寄せて………………………………………………………………………	i
日本語版刊行に寄せて…………………………………………………………	v
まえがき…………………………………………………………………………	ix
はじめに…………………………………………………………………………	xi
謝辞………………………………………………………………………………	xix
著者たちについて………………………………………………………………	xxi

第 1 章　転換期にある組織　　　　　　　　　　　　　　　　　　　1

複雑な課題がアジリティの緊急性を生み出す…………………………………	1
依存関係の軽減が変化を可能にする……………………………………………	4
誰もが変わらなくてもいいかもしれない、少なくとも最初のうちは………	7
複雑さの捉え方は人それぞれ………………………………………………	10
組織的な変化には、保護された環境と進化的な独裁が不可欠………	11
ひとつのゴールには、2 つの道を………………………………………………	13
ここまでのふりかえり……………………………………………………………	17

第 2 章　チームの組成と目的の発見　　　　　　　　　　　　　　18

ひとつのチームごとに組織を変えていく………………………………………	19
適切な人材を見つける……………………………………………………………	24
チームの力を引き出す……………………………………………………………	28
変化の中心に顧客を据える………………………………………………………	32
顧客ニーズをチームの目的に転換する…………………………………	36
ここまでのふりかえり……………………………………………………………	38

xxiv 目次

第3章　アウトプットからインパクトへの転換 ──────── **40**

「計測できれば、成し遂げられる」………………………………………… 41

計測における課題……………………………………………………… 42

ゴールとは解決策であり、ときには問題でもある …………………… 44

リーダーシップ、計測、エンゲージメント …………………………… 47

組織文化と透明性……………………………………………………… 49

時間経過を伴う内部視点と外部視点のゴールバランス ……………… 52

あらゆるレベルでのゴールと計測指標………………………………… 54

ここまでのふりかえり ………………………………………………… 57

第4章　手放すことを学ぶ ──────────────── **59**

エンパワーメントはタダでは手に入らない……………………………… 60

意欲的なゴールを達成するためのチームの能力を支援する

アジャイルリーダー………………………………… 64

見えるものと見えないもののバランスを取る ………………………… 69

小さなステップで手放していく ………………………………………… 71

エンパワーメント戦略………………………………………………… 74

意思決定の遅れがチームの自己管理を妨げる……………………………… 75

自らがボトルネックと気づいたときに、その場から立ち去る……… 76

チーム間の依存関係が引き起こす決定の遅延………………………… 77

チーム自らが引き起こす決定の遅延…………………………………… 79

ここまでのふりかえり ………………………………………………… 79

第5章　予想どおりの存亡の危機 ──────────── **82**

以前の仕組みを脅かす新しいやり方…………………………………… 83

他者に権限を委譲することで報われる制度への変更………………… 88

キャリアパスを個人のスキルポートフォリオに置き換える………… 97

見せかけの確実性を真の透明性へ置き換える ……………………… 100

ボトムアップによるインテリジェンスを信頼することを学ぶ……… 102

ここまでのふりかえり ……………………………………………… 105

目次　xxv

第6章　リーダーはどこにでもいる —————————————— **107**

アジャイル組織の育成と成長 ……………………………………………… 107
　適切なスキルと適切なタイミングでアジャイルチームを支援する… 112
　組織のサイロ化がアジリティと生産性を妨害する ……………… 115
　職能横断的なチームは生産性を向上させるが、
　　　　　　　それでも支援が不可欠である ……………… 116
　スペシャリストの「ダウンタイム」を活用して
　　　　　　　チームの効果性を向上させる ……………… 117
　「実務者」でなく、指南役・コーチ・メンターを
　　　　　　　主業とするスペシャリスト ……………… 119
　リーダーシップへの成長過程：あらゆる場所でリーダーは育つ… 120
サイロ化ではなく、チームとリーダーシップを評価する ……………… 123
組織構造を固定する昇進制度 …………………………………… 126
パフォーマンス評価はなくならないが、劇的に変化する ……………… 128
ここまでのふりかえり …………………………………………… 132

第7章　組織との整合性 —————————————————————— **134**

オペレーティングモデルの進化 …………………………………… 135
　変化は直接的かつ明確に …………………………………… 137
　自己管理チームの有機的な成長 ……………………………… 139
　チームが大きくなりすぎたときの対処 ……………………… 139
依存性を取り除くことによるアジリティのスケーリング …………… 139
支持の結集と反対勢力の排除 …………………………………… 143
　摩擦を予想し、受け入れ、奨励する ………………………… 144
　リーダーシップスタイルを意識し、行動する ……………… 146
　だが不本意な摩擦には注意 …………………………………… 147
　ときには、最大の批判者が最大の味方になる ……………… 148
　沈黙による破壊は、公然の反対よりもタチが悪い ………… 149
　上級経営陣が問題の場合はどうするか ……………………… 151
報酬プランの見直し ……………………………………………… 151

xxvi　目　次

キャリアパスの見直し·· 152

触媒的リーダーシップを受け入れる······························ 153

進捗会議を透明性のあるものに置き換える······················ 154

移行にかかる時間とその意味について現実的に捉える············ 158

ここまでのふりかえり·· 158

第8章　文化との調和 ——————————————— 160

文化を変えることを難しくしているもの·························· 161

アジャイルリーダーはまず自分のやり方を見つけるべき·········· 163

新しい文化への架け橋·· 165

　　過去を批判せず、前進あるのみ······························ 166

　　徹底した透明性によって心理的安全性を築く················ 166

　　成功を分かち合いながらも、必要ならば非難を受ける········ 169

後退を予期して乗り越える·· 170

　　どんな組織も問題を抱えているが、前に進むには問題を置いていく··· 170

　　パフォーマンスの高いチームは脆く、保護する対象である········ 172

　　最高のチームでも、集中力を欠くことがある················ 173

成功の基準として「自律」を用いる································ 173

　　新しいことが当たり前になったときが成功である············ 175

　　後継者の育成·· 175

アジャイルへの移行に終わりはない································ 176

　　アジャイルリーダーの成長過程をふりかえる················ 177

これまでのふりかえり·· 179

付録A　効果的なリーダーシップのためのパターンとアンチパターン —— 181
付録B　ドリーンのスケッチノート ——————————————— 183

訳者あとがき·· 185

訳者について·· 187

索引·· 189

第1章
転換期にある組織

　上手くいっている組織では、変化する必要性を感じることはありません。自分たちの地位が徐々に脅かされていたとしても、楽観的であることがよくあります。従来のマネジメント手法やビジネスモデルに危機が迫ってきてから、「何か違うことをやってみるべきだ」と思い始めるものです。でも、それでは遅すぎるのです。

　前途多難な状況を目の当たりにすると、先見の明があるリーダーであったとしても、組織を変化させるための動機づけには手こずることがあります。組織の人たちは、従来のやり方に慣れてしまっており、現状に対する段階的な改善は歓迎するものの、抜本的な変化に対して動機づけることは不可能に近いのです。しかも、アジャイルへの変化とは、その本質からして大掛かりで破壊的な変化となります。

　競争の激化や不確実性の増大に組織を適応させたいと考えているリーダーは、組織の中で上手くいくために従来とは異なるやり方で取り組むべき領域を見つけ、その領域で独自のやり方を見出すのを支援しなければなりません。大きな組織の自己満足がもたらす惰性を一夜にして克服できるリーダーはいませんが、小さなイノベーションの領域に焦点を当てることで、必要なより幅の広い変化に向けたバランスへの転換を少しずつ始めることはできるのです。

複雑な課題がアジリティの緊急性を生み出す

　ドリーンは、100年以上の歴史を持つ伝統的な電力会社であるリライアブル・エナジー社の最高経営責任者です。リライアブル・エナジー社の現行ビジネスモ

2　第1章 転換期にある組織

デルは、自社の発電設備から自社の送電網を通じて電力を供給することが基本です。またその送電網は地域や国の送電網に接続されているため、同じような他の企業から電力を売買することもできます。このビジネスモデルは、風力発電、太陽光発電、その他の発電技術など、より安価で持続可能な電力供給ができる新しい独立分散型の発電技術によって脅かされつつあります。リライアブル・エナジー社では、政府から与えられた独占権がいずれは撤廃されることを受け入れ始めており、将来的に生き残り発展するために、新しいプロダクトやサービスと新しいビジネスモデルを開発する必要があります。

STORY

　　ドリーン「みなさん、忙しい中、時間をとってくれてありがとうございます。今日は非常にうれしいお知らせがあります。本日付けで我が社はエナジー・ブリッジ社という急成長中の企業を買収しました。従来の電力供給事業者から分散型の電力供給事業者と電力利用者を繋ぐスマートグリッドの管理事業者への移行を加速させていきます。エナジー・ブリッジ社は独立した子会社として運営され、最高経営責任者のナゲッシュさんは私に直接レポートします。」

　　ドリーン「知っている人も多いと思いますが、現在、複数国にまたがるスマートグリッド管理システムの入札競争が行われていて、年末に入札が予定されています。将来の我が社のビジネスモデルの基盤となるこの契約を勝ち取ることは、私たちの将来にとって重要です。ナゲッシュさん、エナジー・ブリッジ社が我が社の新しいビジネスモデルを築き上げるのにどう役立つのか、私たちの持っているビジョンを共有してもらえますか？」

　　ナゲッシュ「ドリーンさん、ありがとうございます。ご存じかもしれませんが、エナジー・ブリッジ社は、電力生産、蓄電、送電網とインターフェイスを管理するスマートホームコントローラーを開発、販売しています。このプロダクトは、需給バランスを調整し、電気自動車（EV）のスマート双方向充電を利用して、発電した場所の近くで電気を蓄えることができるので、EVや他の電池を使って家庭に電力を供給します。さらに、有利な条件のときに送電網に電力を販売することもできるのです。このプロダクトを顧客に提供してきた経験から、将来的にリライアブル・エナジー社の新しいビジネスモデルを牽引する新しいグリッド管理サービスを作り出すのに役立つインサイトを得ることができました。」

　　ドリーン「ありがとうございます。ナゲッシュさんが提案してくれたように、この買収は我が社の将来戦略を築くためのプラットフォームと、そこから学ぶことができる顧客基盤に繋がります。私たちが迅速に学べるように、ナゲッシュさ

んは、エナジー・ブリッジ事業部門に加えて、我が社のスマートグリッドの取り組みも指揮してくれることになりました。みなさん、質問もあるかと思います。今回は、今後数ヶ月にわたって定期的に行う状況説明の1回目だと思ってください。もし、本日みなさんからの質問を受ける時間がなかったとしても、私か、ナゲッシュさんにみなさんの質問を送ってください。今後この会議でそれらを確認していきましょう。」

その後、ナゲッシュとドリーンが会議を終え去ろうとするとき、ナゲッシュはドリーンに話しかけます。

ナゲッシュ「これは組織にとって大変な道のりとなるでしょうね。私から言わせてもらえれば、あなたにとってもだと思いますよ。現時点では、あなたが考えている以上に大きな変化になると思います。」

ドリーンは返答します。

ドリーン「あなたの経験が私たちの助けになることがうれしいです。だけれども、私たちは私たち自身の方法を見つけていかなければならないでしょうね。」

このとき、ドリーンは、この過程を記録する必要があることに気がつきました。それは、自分の考えをまとめるためと、組織がこれまでどのような状況にあり、時間とともに、どのように変化してきたのかをふりかえるための記録としてです。

決して万全の準備ができないような極端な変化の厳しい試練の中で、リーダーは成長していきます。その状況では、予行演習も、安全策も、二度目の機会もないのです。また、相談できるエキスパートもいなければ、採るべき「ベストプラクティス」もありません。このような危機的な状況は、手探りで、人任せにせず、慌てず、組織の人たちに最善を求め続けるのです。その見返りとして、想像もつかないような方法で人は成長していきます。

リーダーとは、決して万全の準備ができないような極端な変化の厳しい試練の中で成長するものだ

リーダーとは、変化していく状況に組織を適応させるために不可欠な存在です。リーダーは、変化を主導する立場であり、特に組織存続の危機において変化を主導します。これはリーダーの基本的な目的でもあります。それゆえ、リーダーシップとマネジメントを区別するものといえます。マネジメントとは、従来の上手く機能している組織を維持し、改善することです。これとは対照的に、

リーダーシップとは、新しい組織、新しい文化を作り上げていくことなのです。新しい組織や文化は、ときにはゼロからか、もしくは、少なくとも新しい課題に対応できなくなった以前の組織の残骸から作り上げていくことになります。リーダーシップとは、本質的には未知のものに立ち向かい、それらに対処する組織の能力を底上げするものです。

変化は恐ろしいものであり、無力にさせられることさえあります。未知のものに対処することは決して容易ではありませんが、放置しておけば解決するものでもありません。前進するための唯一の方法は、未知のものに飛び込んで、目を見開いて、たくさん質問をすることであり、別のアプローチを試行して、結果を検査して、新しい情報に基づいて適応させるための準備をすることでもあります。このケーススタディでは、ある伝統的な大規模な組織が、経験主義と透明性を受け入れるために、その文化と明示的あるいは暗黙的な評価制度を変えることによって、どのように方向転換する方法を学んだのかを探究していきます。

依存関係の軽減が変化を可能にする

STORY

全社会議から間もなく、リライアブル・エナジー社のPMO[1]責任者であるカールがドリーンとナゲッシュに声をかけます。彼らは、新しい事業部門を組織で行われている他の仕事とどのように統合させるかを話し合います。カールは、ナゲッシュに対して、新しい取り組みを進行中の他のプロジェクトや企画と調整するために、マイルストーンを含めたプロダクトロードマップを求めます。

ナゲッシュは、それらは自分の組織とメンバーの仕事のやり方ではないと反論します。

ナゲッシュ「プロダクトロードマップはありませんが、共有できるゴールはありますよ。」

ナゲッシュは、これらのゴールに向かって短くリリースしていくことで、結果を評価し、必要に応じて戦略とゴールを適応させていくという、アジャイルプラクティスを用いた仕事のやり方を説明します。この事業部門では、ゴールやリリースから学んだことについては十分に透明性を確保しますが、リリースのたび

---

[1]（訳者注）プロジェクトマネジメントオフィスのこと。

に重要な情報を学ぶため、リリースを詳細に計画することはできません。なぜなら、長期的なプロダクト計画の労力が無駄になってしまうからです。

　カールはこのことをおもしろがり、呆れたように返答します。

　カール「小さなスタートアップ企業がそのような運営をするのは問題ないかもしれないですね。でもリライアブル・エナジー社はプロジェクトに対して毎年何億もの投資を行うような巨大な組織ですよ。そのほとんどが相互に関連して、影響しあっているのです。私たちは、『おとなの』組織なので、こどもの集団のように運営することはできませんよ。」

　ナゲッシュはそれに対して答えます。

　ナゲッシュ「実際、大きな組織でもそのように運営することは可能ですよ。今では、上手くいっている大きな組織の多く、少なくとも新しいプロダクトやサービスを開発している部門では、この方法で運営されているのですけどね……。」

　ドリーンがここに飛び入りしてきて、話します。

　ドリーン「カールさん、あなたの懸念は理解していますが、ナゲッシュさんのチームに我が社の従来どおりの仕事のやり方を強いることで、彼らが生み出している独自の価値を損なうリスクを私たちは冒したくないのです。私たちは彼らから学ぶために彼らの会社を買収したのですから、彼らにとって最も理にかなったやり方で仕事をしてもらう必要があるでしょう。」

　カールは納得せず、苛立ちを見せています。

　カール「プロジェクト計画を調整せずに、どうやってそれぞれのプロジェクト間の調整をするつもりなのですか？　チームが直前になって機能を取り止めたことで、その機能に依存しているすべてのプロジェクトでドミノ効果を引き起こす問題は今も十分に起きていますよ。PMO による熱心な監視があってこそ、全員が計画どおりに進行していることが確認できているのですよ。」

　ナゲッシュはカールへの解決策を提案します。

　ナゲッシュ「私たちのチームは、プロダクトのインターフェイスを公開し、それを徹底しています。私たちが公開したインターフェイスに、ある機能を追加した場合、そのインターフェイスが変更されることはありません。私たちは、そのインターフェイスがその後のすべてのリリースにおいて機能することを保証しているのです。そのために、すべてのリリースに対してテストを実施し、確認しています。新しい機能が追加されたら、インターフェイスを更新し、維持します。それによって、スケジュールを調整することなく、他の会社と仕事をすることもできているのです。あなた方も同じことができるはずですよ。」

依存関係は、変化において脅威となります。多くの組織の内部はとても関連し合っているため、多くのものを壊さずには小さな変化すら起こすことができないからです。組織では、依存関係を明らかにするために、より計画することで複雑さを管理しようとします。しかし、これらの依存関係によって課される制約の中で変化していくには、変化のペースが緩やかになるような実行精度が求められるのです。

依存関係は、変化においては脅威となるものだ

依存関係を管理するための最善の方法とは、依存関係を取り除くことです。そのためのひとつの方法は、プロダクト間や組織の部門間に、安定した定義済みのインターフェイスを実装することです。これによって、組織内の個別部門において他部門を混乱させずに、自部門の仕事のやり方を変えていくことができるようになります。また、従来のプロダクトの上に付加価値のあるプロダクトやサービスを構築する方法を提供することによって、組織がパートナーエコシステムを作り上げることにも役立ちます。結果として、インターフェイスは、ほとんどの新しいプロダクト戦略にとって不可欠な要素となっています。プロダクト間の活動や依存関係を調整するということは、最もスピードの遅いチームのペースに合わせて全員のスピードを遅くすることになるからです。インターフェイスは、このような依存関係を断ち切ることができます。インターフェイスによって、チームは個別にそれぞれのニーズと能力に最も適したペースで動けるようになります。

組織では、いくつかの方法を用いて複雑さを軽減することができます。ケーススタディのチームが提案しているように、共通アーキテクチャや共通プラットフォームを用いることはひとつの方法です。もうひとつの方法は、プロダクトそのものをシンプルにすることです。ほとんどのプロダクトが、複雑な機能の集合体であり、多くのグループで使われています。共通プロダクトアーキテクチャを用いることで、複雑なプロダクトをより小さくまとまりのあるグループに向けたサービスとして提供するような、よりシンプルなプロダクトに分割することで、組織はプロダクト間の依存関係を軽減することができます。これにより、それぞれのプロダクトが多くの他のプロダクトに依存する代わりに、共通プロダクトプラットフォームにのみ依存するようになります[2]。

誰もが変わらなくてもいいかもしれない、少なくとも最初のうちは

> **STORY**
>
> 　企業買収の発表から数週間後、ナゲッシュの組織の取り組みについて、さまざまな管理職やチームに話してほしいという依頼が彼に殺到しています。それはどんな取り組み方をしているのかをもっと学びたいからです。こうした依頼は善意に基づいており、好感を持っていますが、チームやプロダクトの支援と発展に集中できないことにもなりかねません。
>
> 　ナゲッシュは、この問題についてドリーンに相談します。彼女は、管理職たちが大切なことを見失ってしまうことを恐れていることを理解しています。彼らの学習意欲はよい兆候ですが、ナゲッシュと彼のチームの妨げとならずに、彼らの学習意欲を満たすよりよい方法があります。ドリーンは、ナゲッシュと一緒に取り組んだことがあるアジャイルコーチに連絡をとり、そのコーチに対して、管理職たちがアジリティと経験主義を理解し、アジリティが役立つのかどうか、アジリティに取り組む準備ができるのかどうかを支援するための一連の管理職向けワークショップの開催を依頼します。

　組織全体が新しいビジネスモデルを開発する必要があるとはいえ、すぐに新しいモデルに方向転換できるわけではありません。少なくとも現時点では、以前のビジネスモデルに依存している従来の顧客やサプライヤーがいるからです。

　組織全体に対して変化を強要し、従来のモデルに損害を与える可能性があることは、必然的に衰退するビジネスモデルに代わる新しいビジネスモデルの開発に失敗するのと同じくらい危険なことです。誰が変わる必要があるか（Who）となぜ変わる必要があるか（Why）を念頭に置くことが、いつ（When）、どのように（How）変わるかの議論の出発点となります。なぜアジャイルである必要があるのかがわからないと、組織の人たちは、適応に苦労することになります。

---

*2 このアプローチについては、https://www.pragmaticinstitute.com/resources/articles/product/untangling-products-focus-on-desired-outcomes-to-decrease-product-complexity/ を参照のこと。

STORY

　この一連のワークショップの第1回目にて、ドリーンは、市場の変化への反応性を高めるために組織がなすべきことについて、彼女の考えを共有します。

　ドリーン「我が社は、提供スピードを向上させ、生産性を高め、変化に上手く対応して優先順位を変更し、組織全体の連動性を改善する必要があるのです。それが、私にとってのアジリティと反応性が意味するものです。」

　ワークショップにてナゲッシュも話します。

　ナゲッシュ「これらは、私の組織にとって重要なことでしたし、今も重要なことですが、より速く提供し、結果を評価することで多くのことを学びました。それゆえ、フィードバックをより速く得ることで、顧客との距離を縮めることができたのです。結果として、私たちは新しいアイデアをより速く試し、フィードバックを収集し、多くの場合、顧客にとって重要ではないことをやめることができたのです。私たちも、慢性的な『知識不足』に対処しなければなりませんでした。私たちは何をどのように作るのかを常に進化させていたので、顧客の質問にすべてを答えられるだけの『エキスパート』が、十分ではありませんでした。そこで、共に学び、自律し、自己管理することによって、生き残り、発展する方法を学ばなければならなかったのです。」

　ドリーンは、このことについて考え込みましたが、ナゲッシュが適切であることに気づいたのです。組織として、リライアブル・エナジー社は顧客が本当に必要としているものを知りません。しかし、それを知る唯一の方法は、顧客に提供することでフィードバックを得ることなのです。

　ドリーン「ナゲッシュさん、それはとても素晴らしい見解ですね。過去に顧客の要望を訊いてみて、そのとおりに提供したことがあるのですが、そのときになって顧客が本当に必要としているものではなかったということが少なからずありました。いくつか学びの機会にはなっていましたが、顧客のニーズを満たさないものを作るのに多くの時間と資金を投資していたので、本来は他のことに着手しなければならず、その分、学ぶ機会を逸したことになりますね。結局のところ、私たちは顧客との距離を縮めて、今よりもより速く顧客から学ぶ必要があるのですね。より速く提供することは、そのための一環であり、本当のゴールではないですけどね。」

　多くの組織が、アジリティと反応性を向上させたいと考える理由として、「より速く行く」、「より速く提供する」を挙げますが、これは実際のところすべてを物語っているわけではありません。フィードバックを収集することで顧客に提供

する価値を計測している組織は、多くの場合、顧客が本当に必要としているものについて多くの誤解があることに気づいています。顧客自身でさえ何を必要としているのか理解していないということに、組織が気づいていることもあります。

このような組織は、ステークホルダーが顧客のニーズを深く理解していると思っているため、最初はショックを受けるかもしれません。このショックを乗り越えれば、提供しようと計画していたものの多くが使われていないことがわかります。この知見によって、顧客がより多くの恩恵を得られるものを追求することができるようになります。

急速に変化する世界を相手にする場合、本当に必要なことを学ぶ唯一の方法とは、少なからずものごとを試してみて、それが上手くいくかどうかを確かめることなのです。そのためには、必要最小限の投資で学び、迅速に実験を行います。従来の組織では、コストのかかる仮説を立てすぎており、その検証に時間をかけすぎることになります。彼らはすべての答えを持っていなければならないと考えるため、すべてを一度に変えようとしてしまうのです。

複雑な状況では、たいていの場合、変える必要があるのは何なのかは組織にはわかりません。組織は、小さく迅速にいくつもの段階を経て学んでいく必要があるので、誰もが一度に変わる必要はないのです。しかし、変わる必要があるのは誰でしょうか。その答えはとてもシンプルです。それは制御できる学習実験を行う人たちなのです。

組織が学ぶにつれて、より多くのチームが仮説を検証し、顧客が求めるものをより多く学ぶために、顧客とより直接的に関わる必要があることに気づくでしょう。しかし、最初はどのように質問をすればよいのか、どのように実験の枠組みを作ればよいのかさえ、組織にはわかりません。そのため、最初は学ぶのが遅くなり、少数のチームで取り組むことになるでしょう。それぞれのチームがチームの組成と新しいやり方を習得するには時間が必要です。要するに、学ぶ方法を習得する必要があるということです。チームが提供するまでの時間を改善する前に、まずは学ぶ時間を短縮することに焦点を当てる必要があるのです。

複雑さの捉え方は人それぞれ

STORY

これらのワークショップのひとつを実施した後、カールがドリーンに話を持ちかけてきました。

カール「ドリーンさん、大変失礼ですが、私はこの『学習実験』というものに納得できません。私たちが抱えている問題のほとんどは、計画を上手く実行できていないからではないのですよ。これは何年も前からわかっていることですよね。どのプロジェクトや企画でも開始時に、私たちはリスクと仮説を見つけ出し、出てきた課題に対処するための軽減計画を策定しています。現在の状況とは何が違うのですか？　過去には、そうしたリスク軽減計画を実際に用いずに、場当たり的な対応に終始したことで失敗したことがありましたね。私は、あなたがその場しのぎを許しているように感じましたが……。」

ドリーン「カールさん、言っていることは理解できますが、そういうことではないのですよ。私たちが8年前に行ったスマートグリッドの試験運用を覚えているでしょう？　私たちは、インフラをアップグレードする費用を支払う人たちの意欲について多くの仮説を立てましたよね。でもそれが間違っていたことが判明しました。最終的に、私たちはプロジェクトを中止せざるを得ませんでしたが、仮説に誤りがあったことを知る前に多くの投資を行ってしまいましたよね。」

ドリーン「私が思うに、私たちの問題は、計画を立てられないのではなくて、仮説や不十分な情報に基づいて過剰に計画しているからではないでしょうか。私たちは小さい投資をよりよくこなして、よりよい情報をより速く得る必要があるのではないでしょうか。それがここで私たちがやろうとしていることですよ。」

カールが体験したことは、彼の思考に影響を与えています。事前に十分情報がありさえすれば、問題を解決し、解決策を提供するための計画を策定でき、実行できると彼は信じています。カールの「管理するための適切な方法」についての信念が、計画づくりへの彼のアプローチを確立させているのです。すなわち、問題はわかっているもので、アプローチは定義済みで、適切な実施方法が選択できていて、計画が作られ、そしてその計画どおりに組織が実行していることを監視できる、ということです。カールのアプローチは、計画が適切であること、さらに計画からの逸脱は是正措置が必要であることが前提となっています。

アジリティがもたらすのと同じ恩恵、すなわち、無駄を省いてより速く提供す

るという恩恵の多くは、よりよい計画によって達成すべきであり、計画は大人数の活動を調整するために不可欠なものであると考える人たちもいます。要件と仮説が正しく、安定もしている場合は、カールのアプローチは極めて理に適ったものになります。しかし、あらゆるものが流動的な状況においては、計画中心のアプローチでは破綻してしまいます。今日の組織が直面している最も困難な問題の多くは、斬新で複雑なものです。さらにこの斬新さは、過去の原因と結果に基づく体験を用いて効果的な解決策に繋がる計画を作ろうとする試みと相性が悪いのです[*3]。

あらゆるものが流動的な状況では、計画中心のアプローチでは破綻する

　誰かの世界観を変えることは、不可能ではないとしても少なくとも外側からでは難しいものです。世界観を変えるには、別の方法で世界を体験しなければなりません。私たちはものごとの捉え方を自身の体験に基づいて形成しているため、それを変えるには多くの反証が必要となります。アプローチが上手くいっていないと反論すると、ほとんどの場合その立場に固執して、態度を硬化させてしまいます。

組織的な変化には、保護された環境と進化的な独裁が不可欠

> **STORY**
>
> 　ドリーンは続けて話します。
> 　**ドリーン**「カールさん、あなたの懸念はわかりますけど、今回の場合は新しい方法を学ぶ必要があると思います。この先の課題について、効果的な計画を立てるだけの十分な知識が私たちにはないのです。ですから、少なくとも新しいビジネスモデルを開発する取り組みでは、ナゲッシュさんの組織に別の方法で取り組んでもらうつもりです。私たちは、理にかなった他部門についても、彼らが学んだことを取り入れ、適用していきます。それ以外に前に進む方法がないと私は考えています。」

[*3] Dave Snowden による「The Cynefin framework」(https://cynefin.io/index.php/Main_Page) から着想を得ている。

12　第 1 章 転換期にある組織

　最終的に組織の人たちが意思決定する際は、より自己管理的で協働的なものになるということを学ぶ必要があり、その一方で、変化の初期段階においては、アジャイルリーダーが多少独裁的である必要もあるというのが、アジャイルな組織変革の皮肉なところです。アジャイルリーダーは、他部門が変化を阻止しようとしているときであっても、変革に取り組む組織の人たちが実験し学ぶことができるような環境を作り出す必要があるのです。

　スカンクワークス、イノベーションセンター[*4]、インキュベーターなど、他部門からの干渉を受けずに新しいアプローチを試すことができる「保護された環境」を表現するために、さまざまな用語が使われてきました[*5]。このような環境を実現する重要人物は、進化的で、政治的な力がある経営幹部です。このような経営幹部は、ミッションを達成するために新しい組織を作り、その組織が存続するための資源を提供することができます。そして、このような経営幹部とは、外部干渉から特定のグループを守れる人物であることが最も重要となります。

　これらの特定のグループによく適用される「インキュベーター」や「イノベーションセンター」という例えは、組織を変えるメカニズムとして用いようとするのは、実は見当違いです。なぜなら、一般的にインキュベーターとは、プロトタイプを作り、それを定常状態のある従来の組織にも移管していく必要があるからです。これらの特定のグループをインキュベーターと呼んでしまうと、これらのグループが行っていることが実際には「現実世界に対応できる準備」ができていないことを示唆することになります。これは、アジャイルでの変化には当てはまりません。

　一方で、イノベーションを推進することはよいことではありますが、「イノベーションセンター」という言葉は、正当なイノベーションが特定のグループで起こらなければならないと思い込む結果になりかねません。現実には、イノベーションの機会はほとんどの組織のあらゆるところで現れるものなのです。

　アジャイル変革の場合は、イノベーションセンターと呼ぶところが、最終的には組織の他の分野にも再現性のある新しい取り組み方を模索し、洗練させることが実際にできていることを意味します。このような理由から、「アジャイルセ

[*4] （訳者注）イノベーションラボとも呼ぶ。
[*5] 例えば、Scrum Studio（https://www.scrum.org/resources/scrum-studio-model-innovation）の説明を参照のこと。

ル*6」という用語が初期のアジャイルチームをどのように捉えるべきかを最もよく表しているでしょう。セルは、最終的に増殖して、その組織の全体に広がる必要があるからです。これについて詳しくは後述します。

ひとつのゴールには、2つの道を

> **STORY**
>
> 　ドリーンは、カールとの話し合いをふりかえります。彼女は、組織の全員が変化することを望んでいるわけでもなく、変化を必要としているわけでもないことはわかっています。カールの懸念は、おそらく組織内の多くのメンバーにも共通していることでしょう。従来の組織が既存の顧客に価値を提供することに集中しながら、新しい選択肢を模索するには、ひとつの組織をひとつのオペレーティングモデルで行うことはとても過酷です。そのため、オペレーティングモデルが大きく異なる2つの組織が必要となります。それでもドリーンは、ナゲッシュや他のチームに迅速な学びと適応をしてもらうことが、組織を変え始めるための適切な方法であると考えています。カールと「従来の」組織は、慣れ親しんで安定している仕事に集中する必要がありますし、それも組織が上手くいくために重要なことではありますが、彼らも時間とともに、より速く学ぶ方法を得る必要はあるでしょう。
>
>　妥協案として、ドリーンは、アジャイルチームには自分たちがやっていることに対して透明性を持たせることを決断します。ドリーンとステークホルダーはアジャイルチームのレビューに参加しますが、従来の組織が課しているガバナンスモデルは適用しません。カール率いるPMOは、従来の部門が行うことについては引き続き監督します。
>
>　ドリーンは自身の下した決定を伝えるため、カールとナゲッシュを同席させます。カールは自身の権限が損なわれると感じて反対します。ドリーンは、カールが本当に懸念しているのは組織における自分の地位なのではないかと内心思いますが、最終的にカールは、ドリーンが決定したことだと受け入れて同意します。ドリーンは、カールを上手く扱っていくのは難しいが、今は彼の同意が必要なのだとわかっています。

---

*6（訳者注）Agile Cell。Cell は細胞を意味している。

従来の組織とは、スタートアップ企業にはない課題に直面しているものです。たとえ現在のビジネスがなくなる可能性があり新しいビジネスモデルを開発する必要があるとわかっているとしても、現在のビジネスを支える必要があるからです[*7]。それらを両立させる方法のひとつは、二重の並行した組織を作ることです。

図 1.1: 2 つの異なるオペレーティングモデルを支援することで、組織はアジャイルと従来のアプローチのバランスをとることができる

[*7] John Kotter が述べている、従来の組織階層を進化させる方法（https://www.kotterinc.com/book/accelerate/）から着想を得ている。

ひとつのゴールには、2つの道を　15

　アジャイルリーダーにとって重要な課題は、全員が同じゴールに向かって取り組んでいる限り、別々の方法で取り組むことを許容しようとすることです。本章ですでに述べたように、依存関係を最小化することは、別々の方法で取り組んでいるチームによって行われる作業の調整における衝突や複雑さを最小化する方法のひとつです（図1.1）。

STORY

　その後、ナゲッシュは、組織には2つの「オペレーティングモデル」があることについてドリーンと話し合った際に、2つのオペレーティングモデルの重要な違いを観測します。

- 従来モデルは、個人ごとのパフォーマンスと評価によって成り立っている
- 経験的モデルは、チームワークとコラボレーションを組織が尊重し、それらを評価することで初めて成り立つ

　ナゲッシュ「この違いは、パフォーマンスがどのように評価されるか、組織の人たちが自分のキャリアをどう考えているかに大きく影響しています。現時点では、この問題に対処する必要はないでしょう。でも、この取り組みをいくつかのチーム以上に広げていく前に対処することになるでしょう。エナジー・ブリッジ社ではこの問題に取り組み始めていましたが、すべての社員がストックオプションを保有していたので、その懸念をいったん棚上げしていました。今、私たちは『このすべてのことが、自分にとってどこに繋がっているのか？』という質問を社員から受け始めています。」

　ドリーンはうなずきます。

　ドリーン「今のところは、これらのチームがどのように取り組むかを考え、この新しい取り組み方を守り、支援することに集中しなければなりません。でも、そうですね。社員のキャリアに対する意識にどのような影響があるかについては、これから検討していく必要があるでしょうね。」

　ナゲッシュも同意します。

　ナゲッシュ「今のところ、私たちはこの2つの違う種類の組織に所属する人たちが、自分たちの置かれている状況を全く違った観点から見ているということをわかっておくほうがよいですね。複雑さに対するカールさんの対処方法がそれを表していますね。未知のものに対する彼の対応とは、より厳密に計画をして、監視することなのですから。この思考は深く根ざしていて、広く共有されています。でも、経験主義を実践した人たちは、複雑さを減らす唯一の方法とは、より

多く、より速く学ぶことだと知っています。そのためには、仮説を立てて、実験を行い、データを収集し、その結果から学ぶことが求められます。」

　ドリーンはさらに付け加えます。

　ドリーン「そのとおりですね。でも一度に全員を変えることはできませんし、決して変わらない人もいるでしょうね。当面は、アジャイルセルの中で新しいやり方を模索しながら、文字どおり明かりを灯し続けるしかないですね。私とナゲッシュさん、そしてアジャイルリーダーシップの役目を担う人たちは、組織の発展と適応を手助けしながら、この2つのやり方のギャップを埋めなければなりませんね。」

　急進的に新しいやり方に進化させるときには、従来の組織は必ず課題に直面します。従来の組織は、従来の顧客にサービスを提供し、そこからの収益を維持することに集中し続けなければならないからです。組織の以前の部門の人たち、あるいは従来の部門の人たちは、組織が新しい分野やすでに破綻している以前の分野に対して新しいアプローチを実験している間、従来の業務に集中する必要があります。

　たとえそれが組織から独立したものであったとしても、新しいアプローチを試みるという行為そのものが従来の組織の人たちには脅威となることがリーダーにとっての課題となります。彼らにとっては、長期的には自分たちの仕事、影響力、地位を失うのではないかといった恐怖心を抱くことに繋がるからです。組織を変える必要があることがわかっていたとしても、その変化によって自分たちにとって重要なものを失う可能性があるならば、個人としてはその変化に抵抗するかもしれません。

　アジャイルリーダーにとっての課題は、従来の組織に対して恐れを抱かれることを理解し、尊重する一方で、新しいアプローチを試みて、経験に基づいて洗練させることができる環境を作り出すことなのです。この2つの相反する力のバランスを取りながら、両者が同じゴールに向かって取り組めるように現実的に連携させていくことは、習得するのに実践が必要となる技術です。アジャイルリーダーがこれらのスキルを身につけるために役に立つアプローチを探ることに、以降の章では主に焦点を当てています。

ここまでのふりかえり

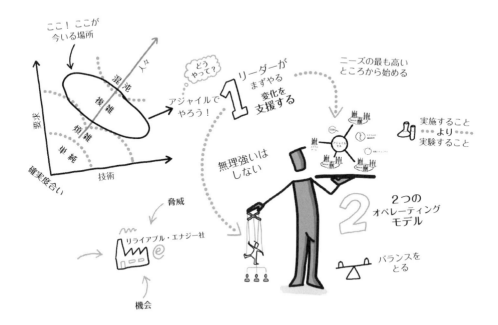

　組織は、直面する課題を克服する方法として、アジリティを追求しています。確かな答えがなく、過去に実績がある方法では失敗するような複雑な問題に対処する際に、唯一上手くいったアプローチとは、ゴールに向かって小さな一歩を踏み出し、結果を評価し、そして組織が学んだことに基づいて適応させることなのです。

　これは、組織全体を一度に変えようとすることではありません。その代わりに、組織が最も大きな課題に直面している分野を選び、そこから取り組み始め、学びながら進めていくことはできるはずです。そのためには、従来の組織を進めながらも、同時に意図的に新しいやり方を見つけようとする新しいアプローチを積極的に試すといった、巧妙なバランス調整が求められます。最終的には、組織はどちらの方向に進むかを選択しなければなりませんが、最初の段階では新しいことに取り組めて、そこから学べる環境を整えるだけで十分です。

第2章
チームの組成と目的の発見

　権限を持った職能横断的なチームは、顧客価値を作り出すためのアジャイル組織における原動力です。アジャイルリーダーは、このようなチームがオーナーシップを発揮するための適切な条件を整える上で、重要な役割を果たします。チームが自ら組成できるようにすることで、リーダーはチームの自己管理と責任のための姿勢と期待値を打ち出せます。

　残念ながら、従来のリーダーの多くは、最初から間違ったメッセージを発信しています。従来のリーダーは、組織が提供しようとするもの（プロダクトやサービス）を決定し、その次に組織がプロダクトを提供するためのプロセスを判断し、すでに決められたプロダクトを提供するために、すでに決められたプロセスに従うチームを最後に組成します。その結果、顧客のニーズを満たさないプロダクトやサービスを提供するために、受動的にプロセスに従わざるを得ないチームが形成されてしまうのです。このようなことに思いあたる節はないでしょうか。

　アジャイルリーダーは、チームの組成を支援すると同時に、チームが自らの目的を発見するための支援をします。これによってチームが、顧客とチームの望むアウトカム（成果）に焦点を当てられるようにします。アジャイルリーダーは、チームに解決策を指示するのではなく、顧客をよりよく理解し、ニーズを満たす革新的な解決策を考案した上で、提供によるフィードバックループを用いて解決策を洗練するための権限をチームに与えます。

ひとつのチームごとに組織を変えていく

STORY

エナジー・ブリッジ社の買収発表から数日後、ドリーンとナゲッシュは次の段階について話し合っています。ドリーンは、エナジー・ブリッジ社が着手したことをもとにして始めたいと思っており、ナゲッシュに次の段階として、一連の育成ワークショップを開催してもらったほうがよいと考えています。まずは、会社の経営陣を対象として、その後にリライアブル・エナジー社内のすべてのチームに広げていき、アジリティがもたらす事柄を理解してもらうべきだと主張します。

ドリーン「社員はこの変化が自分自身や自分のチームにとってどのような意味を持つのかをもっと知りたいと思っているのですよ。私たちは、チャンスがあるうちに熱意を汲んで、引き出していかなければなりません。それに、この変化が自分の仕事にとって何を意味するのかを心配しているという声も耳にし始めています。このような風評が立ち始める前に、手を打っておかないといけませんね。」

ナゲッシュは、話し始めます。

ナゲッシュ「社員のみなさんと情報を共有することについて、ドリーンさんの熱意と懸念に同感です。私たちは、アジャイルな方法についてもっと知りたいという人たちの声に応えていくべきですよね。」

ナゲッシュ「でも、変化に対する彼らの期待値を注意深く扱わないといけないですね。生かじりの知識はかえって危険ですし、彼らが変化を適用する準備ができていないうちに多すぎる情報を与えることは、彼らを混乱させてしまいます。」

ナゲッシュ「数年前に別の会社で経験したことをお話ししますね。私たちは、まさにアジリティとアジャイルなやり方について社内教育のための一連のセッションを開催したのです。ドリーンさんが言っているようなことをです。すると、何人かの人が『なるほど、それがアジャイルなのですね。それなら私たちも何年も前からやっていますよ』と言うのです。実際に実践していたわけではなかったのですけどね。彼らは、単に聞いた話に自分たちの誤解を重ね合わせてしまうのです。」

ナゲッシュ「新しいやり方に取り組むことにとても関心を寄せる人たちもいました。彼らは今のやり方に息苦しさや窮屈さを感じていて、『会社の将来』の一翼を担うことを望んでいたからです。でも、その組織は彼らに新しいやり方をしてもらうだけの準備ができていませんでした。それゆえ、従来のプロジェクトを終えるまでは、今の仕事を続けてもらうしかありませんでした。期待させられた

のに裏切られたという失望は、彼らの士気を大いに下げてしまいました。」

　ナゲッシュは続けます。

　ナゲッシュ「別のチームでは、『アジャイルのテクニックを試してみよう』と決めたものの、一貫性がなくて経験者からの指導も足りていなかったので、これらが役立つまでに至るのに苦労していました。このチームは、『アジャイルを試してみたけど、自分たちには効果がなかった』と、次第に取り組むのをやめてしまいました。」

　ナゲッシュはさらに続けます。

　ナゲッシュ「最終的には、何人かの管理職が、この新しいやり方によって自分たちの権限を損なうことに気がつき始めてしまい、この変化にひっそりと、でも故意に抵抗し始めてしまいました。その結果、およそ１年半後には進展のなさに対して誰もが苛立ち、すべての取り組みが失敗に終わってしまいました。」

　ドリーンは、徐々に理解していって、うなずきます。

　ドリーン「そうですね、ここでもそういったことが起こりそうですね。実際、チームメンバーがカンファレンスに参加したり、記事を読んだり、新しいアイデアをチームに持ち込もうとしているので、そういうことのいくつかはすでにここでも起きていますね。でも、私たちは前に進まなければなりませんよね。どうすべきですかね？」

　ナゲッシュ「エナジー・ブリッジ社を立ち上げたときに、私たちは今までと違うやり方をしようと決めました。スタートアップ企業なので、解体したり、再編したりする従来の組織がありませんでしたので。でも、新しいチームを立ち上げる方法は、ここでも有効ですよ。」

　ナゲッシュは、ふりかえります。

　ナゲッシュ「新しい市場に進出しようとしたときに、私たちは新規採用者と何か違うことに挑戦したいと志願した既存の社員を組み合わせた新しいチームを組成しました。既存の社員は、私たちが確立したい文化の『種』を提供してくれ、新しいチームメンバーを採用するための採用プロセスを実行してくれました。チームに新しいメンバーを入れるときは、既存のチームメンバー全員の賛同を得ることにしました。」

　ドリーン「それには相当な時間がかかったのでしょうね。」

　ナゲッシュ「それはそうですが、実際には私が採用を担当するよりもずっと短時間で済みました。数人のメンバーで採用候補者を見ることにしていたので、面接は並行して実施することができたのです。面接の過程でチームビルディングが強化され、新規採用者がチームに加わったら既存のチームメンバーが支援をするというコミットメントが確立されたので好都合でした。」

ドリーン「その取り組みを見てみないとわからないですが、興味があります。このアプローチを我が社のどこかで使えそうでしょうか？」

ナゲッシュ「私たちは、送電網規模の蓄電分野で何か取り組もうと話をしてきていますよね。私たちの場合は、おそらくバッテリーになるでしょうか。でも、電力会社の中には蓄電するために、より高い貯水地に水を汲み揚げているところもありますね。私たちにはこの分野での専門知識がありませんし、業界全体としてもまだ方法を見出している段階です。要するに雇うべき『エキスパート』がいないのですから、そのニーズを中心としてチームを組成するのはいかがですか。」

ナゲッシュ「チームが適切な方法で組成できるように支援し、協力して取り組む方法を学ぶのを支援することによって、組織のより広範囲でアジリティがどのように機能するかの強力な手本を示せるでしょう。学んでいることの透明性を保てれば、組織の別のメンバーもアジリティがここでどのように機能するのかを学べるようになるのです。組織がアジリティを必要とする新しい分野を発見したら、このパターンを繰り返せるようになります。」

ドリーン「よさそうですね。送電網規模の蓄電の問題を解決する必要がありますからね……。」

> 「いいアイデアよりも、**適切な人材と適切な化学反応を得ることのほう**
> **が重要なのだ**」
>
> Ed Catmull[1]

　組織は少なからずアジャイルのテクニックを幅広く適用することを目指したくなりますが、それが上手く機能して報われることはめったにありません。善意で行った共有から始めたことは、焦点が定まらず、薄められた表面的なアジリティに終わりがちです。そのようなアジリティでは成功の土台にはなり得ないのです。アジャイル組織の基本的な構成要素とは、権限のある強い自己管理チームなのです。このようなチームを築くには、時間、意図的な投資、敵対勢力からの保護、新しいやり方への支援と育成が必要です。新しい取り組みのために新しいチームを組成し、仕事とチームメンバーに対して新しいアプローチを実際に切望している人たちを中心に構成することは、従来のチームメンバーの力関係、役

---

[1] 『ピクサー流 創造するちから——小さな可能性から、大きな価値を生み出す方法』（エド・キャットムル 著、エイミー・ワラス 著、石原 薫 訳、ダイヤモンド社、2014 年）

割、プロセスにとらわれずに新しく始めるための最善の方法なのです。

最もよくないアプローチとは、すでに仕事上での関係や振る舞いのパターンが確立している従来のチームや部門を変えようとすることです。仕事のやり方を変えると、必然的にチームの力関係が変わり、現状の関係性が損なわれます。従来のチームを解体するのはコストがかかり、生産的でないように思えるかもしれませんが、従来のチームのやり方を変えるのはほぼ不可能です。その原因とは、あまりにも多くの確立された振る舞いのパターンが妨げとなっているだけなのです。

次に最もよくないアプローチとは、メンバーを新しいチームに加えることです[*2]。メンバーの中には変わる理由がわからない人もいるでしょう。変化を強制することは、常によくないアイデアです。よりよいアプローチとは、変化を望む人たちを見つけて、新しいチームを組成するように働きかけ、彼らを支援することです。変化に抵抗がある人たちに今までと違う方法で取り組むように説得するのではありません。外部コーチを雇うことで変化の促進を加速させようとする組織もありますが、そもそも変化を望んでいない人たちと取り組まなければならない時点で、すでに不利になっているのです。

外部コーチを活用することは必ずしもよくないアイデアとは限りません（著者たちはそれぞれに、この役割を果たすことがあります）。しかし、外部コーチには費用がそれなりにかかりますし、優秀な外部コーチを見つけるのは困難です。また、チームの変化や成長を手助けするために、チーム外の人にできることには限界があります。コーチは、チームが新しいアプローチを迅速に学ぶ手助けはできますが、チームが自分たちの成長に責任を持つことを妨げてしまう松葉杖にもなりかねないのです。コーチを頼る必要があるときは、できるだけ早くコーチを不要にするつもりでいることです。不要になったときには、コーチを別のチームの支援に回すなどすればよいのです。

このアプローチは、多くの組織が行っているような、たくさんの外部コーチを雇い、たくさんのチームに薄く分散させる方法よりもはるかに効果的です。多く

[*2] たとえ、相手が同意していたとしても、誰かに何かを頼む行為だけでも強制的になることがある。人とは本来、他者、特に権限のある立場の人たちを喜ばせたいものだ。誰かに頼むという行為には、たいてい頼む側がよいアイデアだと考えているというニュアンスを伴っている。しわ寄せが来ないように社員が「いいえ」と言えると思えるだろうか。

の組織が行っている方法を採用すると、チームは進歩していないため不満を溜め込み、コーチは取り組みの割に達成すべきインパクトが小さいため不満を溜め込み、組織の経営陣は投資に対して見返りが少ないため不満を溜め込みます。このようなアプローチでは信頼を損ない、組織のメンバーの士気が低下し、組織を変えることはできないと思わせてしまうのです。確かに組織を変化させることはできないかもしれませんが、それはコーチの問題ではなく、全体のアプローチの問題なのです。変化をアウトソーシングすることはできません。

> 「人は変化に抵抗するのではない。変化させられることに抵抗するのだ」
> Peter Senge[3]

チーム組成を急いでも、結果をより速く出すことはできない

せっかちな経営陣は、チームごとに少しずつ組織を変えていくのでは遅すぎると不満を漏らすことがよくあります。彼らは迅速な結果を求め、彼らが選んだ「変革」のアプローチがより迅速な変化と結果の改善をもたらすものだと信じたいのです。それは確かに素晴らしいことですが、現実には高いパフォーマンスの強いチームを作ることより速く上手くいくアプローチはありません。彼らが望むようなアプローチが存在すると信じることは、実に危険な幻想であり、リーダーがパフォーマンスの高いチームを作るための大変な取り組みへの着手を明らかに妨げるものになります。

残念なことに、「アジャイル変革」という言葉もまた、魔法のような考え方を助長しています。外部コンサルタントが、研修、ワークショップ、ファシリテーション形式のセッションを組織に持ち込めば、一夜にして組織が変わると提案しているようなものなのです。研修やワークショップなどは知識を伝達するための重要なツールであることに間違いはありませんが、組織の人たちが長年かけて培ってきた深く染みついた振る舞いのパターンを変えることまではできないのです。組織の人たちは変化に対してとても適応力があるものですが、適切な環境とリーダーシップのもとで自らを変えていかなければならないのです。誰かが変えてくれるわけではないのです。

---

[3] （訳者注）『学習する組織——システム思考で未来を創造する』（ピーダー・センゲ 著、枝廣淳子 訳、小田理一郎 訳、中小路佳代子 訳、英治出版、2011 年）

24　第 2 章 チームの組成と目的の発見

適切な人材を見つける

STORY

　ナゲッシュの経験に基づいて、ドリーンとナゲッシュは、アジャイルセルでの新しい送電網規模の蓄電を行う GSS（Grid-Scale Storage）チームに自発的に手を挙げて参加できると社員に呼びかけることにします。ナゲッシュは、新しいやり方で仕事をしてもらうには、社員自身が変化を選択するほうがはるかに容易で、変化を社員に強要するとほとんどが上手くいかないとドリーンに説明していました。

　多くの人たちが、チームへの参加に興味を持ちます。志願者の中には、単に新しいことをするのに興味がある人もいれば、「アジャイル」であることの意味をより深く理解したいという人もいます。また、チームが解決しなければならない問題に対する熱意を持っている人もいます。そこには、電気自動車（EV）を持っている人も、自宅にソーラーパネルを有している人も、あるいは、風力タービンメーカーで働いたことがある人もひとりいます。

　エナジー・ブリッジ社のチームメンバーの数名も、新しいチームで働くことを志願しています。彼らは、自分たちが大事にしている文化が根づき、今後も発展し続けるようにするために、この新しいチームが組成し、新しい方法で取り組めるのを手助けするのが最善であると考えています。

　ドリーンとナゲッシュは、チームがまとまるように、ナゲッシュが主担当するインタビューをもとにして、最初の判断を行います。インタビューでは、不確実性への対処、チームメンバーとしての働き方、信頼と透明性に向けた態度、チームの一員として働いた経験などによってチームメンバー候補の見通しを探ります。単に目新しさへの好奇心が動機と思われる数人と、単に履歴書に書けるものを増やそうとしていると思われる数人が除外されることになります。この結果、候補者は 20 人弱となります。

理想のチームプレイヤーとは

　Patrick Lencioni は、著書『理想のチームプレイヤー』[*4] において、チームで活躍し、チームの成功に最も貢献する人には 3 つの資質があると述べています（**図 2.1**）。

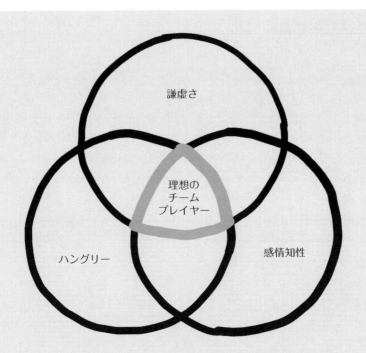

図 2.1: 謙虚さ、ハングリー、感情知性を兼ね備えた理想のチームプレイヤー

Patrick Lencioni の『理想のチームプレイヤー』をベースにした解説:

謙虚さ
- 過剰なエゴや地位へのこだわりがない
- 他者への貢献を賞賛し、自分が注目されることを控える
- 個人の成功よりもチームの成功を重視する

ハングリー
- やりたいこと、学びたいこと、責任を持ちたいことを常に探している
- 自発的である
- 持続可能なコミットメントと、必要に応じてそれを超えようとする

[*4] (訳者注)『理想のチームプレイヤー──成功する組織のメンバーに欠かせない要素を知り、成長・採用・育成に活かす方法』(パトリック・レンシオーニ 著、樋口武志 訳、サンガ、2020 年)

26　第2章 チームの組成と目的の発見

> **スマート（感情知性）**
> ・集団力学を自覚している
> ・よい質問をする
> ・親身に聴く
> ・会話を重ねる

　これらの資質は、柔軟性があり、他者と協力して問題を解決する意欲と能力の両方を発揮している人たちを選び出すものです。この基準によれば、スキルは高いけれどチームメンバーとして取り組む意欲や能力が低いといったパフォーマンスが高い個人を対象から外すことができるかもしれません。理想のチームとは、従来の管理職が考えるようなパフォーマンスの高い個人で構成するものではなく、チーム全体のパフォーマンスを向上させるために力を注ぐ手段を知っている優秀で堅実な人たちで構成されるものです。

STORY

> 　ナゲッシュは、チームメンバーの候補者リストに目を通しながら言います。
> 　**ナゲッシュ**「このリストはよい出発点になりますね。エナジー・ブリッジ社からファシリテーターとして数人来てもらい、チームメンバーが働きたいチームを選ぶワークショップを開催しましょう。まずは、それぞれのチームに必要だと思われるスキルの種類をグループ内で確認してもらいましょう。それから、スキル、取り組みたいこと、一緒に働きたい人を考慮して、どのチームに参加したいかを彼ら自身に志願してもらいましょう。多少のギブアンドテイクはあると思いますが、チームメイトを自分たちで選べるようにすることで、チームを醸成するよいきっかけになります。」

　チームの自己選抜は、チームメンバーの熱意と内発的動機を解き放つことができます。また、新しいチームで取り組むことで、チームメンバーがこれまで経験してきたことと全く違うという明確なメッセージにすることができます。これによって権限を与えるだけでなく、責任というメッセージも補強されます。チームはゴールに向かってチーム自身で組成することを許されますが、そのチームが結果に対する責任を持つことを組織からは期待されます。

　チーム組成ワークショップでは、チームメンバー間でのスキルのバランスが重

要であることも強調します。チームメンバーは、それぞれのチームが上手く機能するために必要だと考えるスキルについて話し合うことで、これを実現するのです。チームメンバーは、取り組みの最も近いところにいるため、そのチームに必要なスキルを判断するのに最適な人たちなのです。これは、従来の管理職にとっては受け入れるべき大きな変化となります。

みなさんは、「チームメンバーがチーム自身でチームを組成するのであれば、リーダーはどんな役割を担うのだろうか」と問いたくなるかもしれません。このケーススタディでは、その答えも提示しています。それは、ナゲッシュとドリーンがチームの全体的なゴールを定め、チーム構成がどのように機能するかの境界線の条件も設定するということです。顧客に関連する特定の問題（例：発電と蓄電）を解決することに加えて、それぞれのチームに必要なスキルがチームのゴールを達成するのに十分な広さと深さを持つようにチームを組成することを示しているのです。

必要なスキルはチームによって異なります。さらに、スキルとゴール達成の関連性を定めることで、チームがスキルや個性の観点において同質的になりがちな傾向に歯止めをかけられます。チームメンバーが創造性を発揮し、お互いに挑戦し続けるためには、どちらの観点においても多様性が求められることになります。例えば、リーダーからの後押しがなければ、外向的なチームメンバーは自分と同じような人選をしてしまい、内向的だが問題や可能な解決策について深く考えているメンバーからのより多様な視点を得る機会を逸してしまうかもしれないのです。

多様性、対等、調和の実現

多様性のあるチームは同質性のあるチームよりも、よりよいパフォーマンスを発揮する傾向があります[5]。アジャイルチームの自己組織化を支援する一環としてアジャイルリーダーは、チームが多様性、対等、調和を受け入れることを手助けする機会とその責任の両方を持ちます。アジャイルリーダーには、チームの自己組織化と自己管理する能力を損なわずに手助けするという課題があります。

---

[5] この話題については、https://www.psychologytoday.com/us/blog/your-brain-work/202106/why-diverse-teams-outperform-homogeneous-teams を参照のこと。

従来の組織では、リーダーがチームメンバーの構成を決定する傾向があります。そのため、少なくとも理論的には、リーダーがチームの多様性を向上させるようにと、単にメンバー構成を選出するのは容易です。しかし、チームのメンバー構成を決めることは、チームが自己管理するために学び始める方法のひとつなのです。チームに誰を入れるかをリーダーが伝えてしまうと、どんなに善意に振る舞ってもチームが自己管理するための能力を損なうことになります。

　アジャイルリーダーは、チームのためにメンバーが調和できるような決定をするのではなく、これからチームメンバーになる人たちにチームメンバー間での対等な関係を促し、さまざまな背景や考え方を受け入れるように努める多様なチームの価値と重要性についてコーチングをしていく必要があります。リーダーは、チームを組成しているときに効果的な質問[*6]を用いて、多様性に関する潜在的な懸念を透明にします。リーダーはまた、チームとしてどうやって懸念を解決するかをチームが決めることで、チームが自分たちのチーム構成を自己評価するのを手助けします。

　自己管理をし始めたばかりのチームは、適切なバランスをとるために、アジャイルリーダーからの支援をより必要とします。アジャイルリーダーは、チームが多様性のあるチームを組成できる能力を学び、成長するのを支援するために、コーチングや間接的に働きかけるスキルも磨く必要があります。

チームの力を引き出す

STORY

　インタビュー中に、ナゲッシュは、リライアブル・エナジー社からの志願者の何人かから、この会社は変化を嫌う文化があるだろうと聞きました。志願者たちはもっと創造的な方法で取り組みたいと望んでいますが、「失敗」を責めるような文化では、それができるとは思えないようです。カールの名前が出たわけではありませんが、彼の口癖のひとつである「ひとりに責任を負わせるべき[*7]」という言い回しが、期待を裏切った結果に対して罰する文化の言質として挙げられています。志願者たちは、新しいチームではこれまでと違ったやり方で取り組める

[*6]（訳者注）相手に対して明快で、気づきを与え、探究したくなるような質問をすること。パワフルクエスチョンとも呼ぶ。

[*7]（訳者注）原文は "one throat to choke"。

確証がほしいと述べています。

インタビューの後、ナゲッシュは、ドリーンにカールの名前は出さずにこの点を指摘しました。

ナゲッシュ「私たちがチームの力を上手く引き出せれば、チームは自分たちが出したアウトカムに対して責任を持つようになります。でもそのアウトカムまでの道のりは不確かなものなのです。期待どおりになっていないからといってチームを罰するのではなく、新しく得た情報から学び、チームのゴールに向かって適応させてほしいと考えています。」

ナゲッシュはさらに続けます。

ナゲッシュ「新しいことに挑戦して学ぶための裁量を与えることは、エンパワーメントの重要な要素です。私たちが達成したい結果を出すためにチームは必要なことをしてくれると信頼していることを彼らには伝えています。もし彼らに責任を持たせたいのであれば、彼ら自身のやり方を見つける裁量を与えないといけないのです。」

ドリーンは社員とナゲッシュが話したことをふりかえります。

ドリーン「私は、これまでそんな考え方をしたことがありませんでした。私たちの従来の責任の負わせ方が、アウトカムではなく、アクティビティとアウトプットに基づくものであったのですね。責任の所在をアウトカムに切り替えることで、チームには計画上の恣意的な項目ではなくて、実際の結果に対する責任を負わせることができるのですね。」

従来の組織は、計画に基づいて組織の人たちを管理します。それゆえ、計画からの逸脱とは、何かが「軌道から外れた」ことを示しています。複雑な状況においてこのアプローチの問題点は、間違っているのは計画のほうであり、適切なことをしているのがチームであるかもしれないということなのです。実際に、ほとんどの計画がわずかな情報に基づいており、最善を尽くしているとはいえ、適切なことをしているという単なる推測によって作られています。

計画どおりに管理することは、組織がアクティビティとアウトプットを計測できるため安心感があります。しかし、それは適切なことをしているという偽りの安心感にも繋がるのです。問題なのは、そのようなアクティビティやアウトプットは、組織が求める結果を実際に達成することと何ら関係がないことが多いということです。では、アクティビティとアウトプットの代替案は何でしょうか。それは、アウトカムを直接計測し、アウトカムを頻繁に計測することで得られた新

30 第2章 チームの組成と目的の発見

しい情報に基づいて検査し、適応させることなのです。

　ゴールに到達するための方法について、チーム自らが決定できるようにすることは、まさにエンパワーメントの基本となります。また、チームメンバーは取り組みそのものに最も近いところにいるため、どのようなことをどのように行うべきかを決定する上でたいていは最も適した立場なのです。しかし、意思決定の裁量には、チームのゴールのベースとなる顧客にアウトカムを提供する責任が伴うことになります[8]。

　　　意思決定の裁量には、顧客のアウトカムへの責任が伴う

チームのパフォーマンスにおける内発的動機の役割

　Daniel Pink は、著書『モチベーション3.0——持続する「やる気！」をいかに引き出すか』において、動機づけの3つの要素として自律性、熟達、目的を挙げています[9]。Daniel Pink の説を簡潔にまとめると、単純で機械的な作業以外であれば、自分でやるべきことを管理する自律性を与え、達成できたら評価し、説得力のあるゴールで動機づけをすることで、従来のマネジメント手法よりもはるかに大きな結果が得られるのです。

　Google 社は、自社チームの調査に基づいて、チームの効果性に最も貢献できる要因として以下を挙げています[10]。

心理的安全性

　心理的安全性とは、対人関係においてリスクがある行動を取ったときの結果に対する個人の認知の仕方、つまりは、無知、無能、否定的、邪魔だと思われる可能性がある行動をしても、このチームならば大丈夫だと信じられるかどうかを意味しています。心理的安全性の高いチームのメ

---

[8] エンパワーメントとデリゲーションの戦略とテクニックについては、第4章で詳しく説明する。そこで説明するテクニックの狙いは、リーダーとアジャイルチーム間での相互合意によって得られるチームごとの明確な境界線を確立することである。これらの「ガードレール」が、チームが効果的に自己管理する方法をまだ学んでいる段階であることを尊重しつつ、自己管理を発展させるのに役に立つ。

[9] 動機づけに関する Daniel Pink のインサイトはこれらを参照のこと：『モチベーション3.0——持続する「やる気！」をいかに引き出すか』（ダニエル・ピンク 著、大前研一 訳、講談社、2015年）、https://www.youtube.com/watch?v=y1SDV8nxypE

[10] https://rework.withgoogle.com/を参照のこと。

ンバーは、他のメンバーに対してリスクを取ることに不安を感じていません。自分の過ちを認めたり、質問をしたり、新しいアイデアを披露したりしても、誰も自分を馬鹿にしたり罰したりしないと信じられる余地があります。

相互信頼

相互信頼の高いチームのメンバーは、質の高い仕事を時間内に仕上げます（これに対して、相互信頼の低いチームのメンバーは責任を転嫁します）。

構造と明確さ

効果的なチームを作るには、職務上で要求されていること、その要求を満たすためのプロセス、そしてメンバーの行動がもたらす成果について、個々のメンバーが理解していることが重要となります。ゴールは、個人レベルで設定することも、グループレベルで設定することもできますが、具体的で取り組み甲斐があり、なおかつ達成可能な内容でなければなりません。Google 社では、短期的なゴールと長期的なゴールを設定してメンバーに周知するために、目標と成果指標（OKR）という手法が広く使われています。

仕事の意味

チームの効果性を向上するためには、仕事そのものやそのアウトプットに対して目的意識を感じられる必要があります。仕事の意味は属人的なものであり、経済的な安定を得る、家族を支える、チームの成功を助ける、自己表現するなど、人によってさまざまです。

インパクト

自分の仕事には意義があるとメンバーが主観的に思えるかどうかは、チームにとって重要なことです。個人の仕事が組織のゴール達成に貢献していることを可視化すると、個人の仕事のインパクトを把握しやすくなります。

従来のマネジメント手法には、自己達成の欠如があります。すなわち、人には内発的に最善を尽くす動機がないと決めつけ、勘でアクティビティやアウトプットを計画してマイクロマネジメントを行うことによって、人はやる気を削がれることが裏づけられています。同時に、明確なアウトカムに基づいたゴールを定めずに裁量を与えすぎると、混乱が生じて、最終的にはやる

気を失わせることにもなります。逆に人の想像力を掻き立てるような明確で意欲的なアウトカムに基づいたゴールを定めることで、目的が明確になります。そのゴールを達成することと、そのゴールを達成するために必要となる熟達とスキル開発に対して評価することによって、リーダーはチームのやる気を高め、よりよい結果を達成することに繋げることができます。また、同じリーダーが信頼を示すことで、チームの人たちに誇りを持たせ、やる気をさらに高められるのです。

変化の中心に顧客を据える

STORY

　キックオフとして、またチームとしての働き方を学ぶために、ナゲッシュは新しいチームメンバーに対してチームのミッションを策定するためのワークショップを開催します。このタスクはチームの予想以上に難しく、チームメンバーは自分たちが「自分たちの顧客」を実はよく理解していないことに気がつくのです。実際、「顧客」とはひとりではなく、ニーズも経験も全く違うさまざまな顧客が存在するのです。

　ナゲッシュは、違う顧客ごとのグループを識別し、それぞれの顧客グループが解決策から何を求めているのかを容易に確認するためのテクニックを紹介します。活発な議論の過程において、チームは実際に4つの違うタイプの顧客がおり、それぞれが全く異なるアウトカムを望んでいることを理解するようになります（図2.2）。

　ナゲッシュはさらに深い質問をします。

　ナゲッシュ「それぞれの顧客は、今現在どのような状況であり、そこからどのような状況になることを望んでいると思いますか？　顧客が今いる状況とこうありたいと思う状況の隔たりが、顧客満足度のギャップと捉えることができますよね（図2.3）。」

　チームメンバーのひとりが声をあげます。

　メンバー「まぁ、今、私たちはそれらを計測しているわけではないですが、私はギャップがかなり大きいと思っています。このように顧客ニーズを理解することはとても興味深いわけですけど、違うタイプの顧客それぞれにどのようなものを提供する必要があるのか、これまでとは違った方法で考えないといけないですね。」

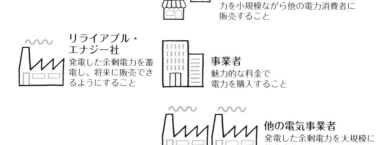

図 2.2: GSS（Grid-Scale Storage）チームが特定した顧客グループと彼らが望むアウトカム

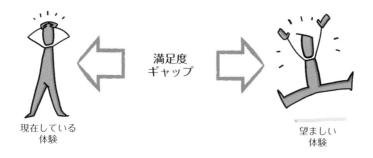

図 2.3: さまざまな顧客グループの現状と望ましい体験のギャップを対象とすることで、チームはゴールを洗練させることができる[11]

ナゲッシュはしばらく話を聴いています。タイミングを見て、チームが徐々に理解しつつあることをまとめます。

ナゲッシュ「そのとおりなのですよ。エナジー・ブリッジ社では、このようなさまざまな満足度のギャップをプロダクトゴールの策定に役立てました。あと、さまざまな顧客が望むアウトカムを得るためにはどのようなプロダクトやサービスを提供する必要があるかというアイデアも得られました。」

別のチームメンバーは次のようにふりかえります。

---

[11] 満足度のギャップについての詳細は、https://www.scrum.org/resources/blog/measure-business-opportunities-unrealized-value を参照のこと。

34　第 2 章 チームの組成と目的の発見

> 　**別のメンバー**「実は、このようなことに私たちの時間を使うのはどうかなと思っていました。というのも、私たちはいつも自分たちがいかに顧客指向な会社であるかを話し合っていますし、顧客のことはすでにわかっていると思っていたからです。でも、私たちの理解が表面的なものであったことが次第にわかってきました。満足度のギャップを見ることで、私たちが何をすべきか、どこに焦点を当てるべきかをよりよく理解できると思います。」
>
> 　さらに別のメンバーが続けます。
>
> 　**もうひとり別のメンバー**「そうですよね。顧客はひとりではなくて、いろいろなタイプの顧客がいるのだとわかりました。ここで挙がった 4 つの顧客グループだけが顧客ではないかもしれませんし、時間をかけてこのリストに追加することもできます。でも、それぞれの違う顧客グループの満足度のギャップをより意識することで、私たちは以前にはなかったニーズについて話したり、それを計測する方法を見つけられますね。」

　チームが本当に団結するには強力な目的が必要です。それゆえに、彼らにはミッションが必要なのです。そのミッションを達成するために、組織と相互に共通のコミットメントを作ることでチームは動機づけられます。チームには、チームとして存在する理由（Why）を理解する必要があります。特定の期待するアウトカムを達成するための顧客支援という観点からその理由（Why）を表現することが、チームメンバーのモチベーションを高める最善の方法です。顧客のことをペルソナで考えるチームは少なくありません[*12]。著者たちがともに仕事をしたチームの中には、顧客ペルソナのポスターを作り、自分たちが本当は誰のために取り組んでいるのかを思い出すようにチームルームの壁に貼っていました。このテクニックによって、顧客に関する抽象的な議論が、実際の顧客が本当に必要としているものについてかなり絞り込んだ議論に変わるのです。

　チーム組成を 2 つの段階で考えるのは容易です。それは、まず素晴らしいチーム（誰が：Who）を組成し、次に解決すべき興味深い問題（なぜ：Why）を提示することです。しかし、実際はそう一筋縄ではいきません。「なぜ」によって「誰が」に影響しますし、その逆もまた然りだからです。このケーススタ

　[*12] ペルソナとアウトカムを用いてプロダクト定義を簡潔に行う方法については、https://www.pragmaticinstitute.com/resources/articles/product/untangling-products-focus-on-desired-outcomes-to-decrease-product-complexity/を参照のこと。

ディでは、チームに志願した人の多くが、チームが解決するであろう問題について個人的に深い関心を持っていました。その結果、彼らが、顧客が誰なのか、顧客は何を達成したいのかといった議論に彼らのインサイトを取り入れて、そのことがチームのミッションにも反映されたのです。

ときには、適切に理解するのに時間がかかることもあります。当初は問題がひとつだと思っていても、チームが顧客と彼らのニーズを深く掘り下げていくうちに、別の問題が見つかり、チームにとって必要となる人が変わってくるからです。さらに、チームメンバーがある問題に取り組みたいと思っていても、問題への理解が深まるに連れて、自分たちが思っていたほどその問題に関心がないと気づくことだってあるのです。

この形成期には、もうひとつの力関係が働きます。それは、チームのメンバーが協力し合うことになるということです。だからといって、全員が素晴らしい仲間でなければならないというわけではありませんし、必ずしも意見が一致するとは限りません。実際、異なる創造性を発揮することで、チームは素晴らしい結果を出すことができるからです。しかし、その違いを乗り越えるためには、お互いを尊重しなければなりませんし、チームメンバーの組み合わせによっては上手くいかないこともあります。

リーダーとは、チームがこのような力関係に取り組むための重要な環境と構造を提供するものです。リーダーは、必要なときには少し後押しをしますが、最終的な決定には口を出しません。チームに権限を与えることで、チームの能力に対する自信に繋げたいと考える一方で、チームの力関係がどのように進展していくかを常に見守る必要があるため、「管理」するのは難しい状況なのです。チームメンバーは協力し合って取り組んでいそうでしょうか。チームのゴールに関する共通コミットメントを設定できているでしょうか。これらのチームゴールの達成が、組織の戦略的ゴールの達成のための組織的な能力に貢献できるでしょうか。

最初のうちは多くの不確実性があり、チームがこの不確実性を克服できるようにリーダーは手助けをするのが仕事です。少なくともゴールに向かって最初の一歩を踏み出すのに十分なくらいの手助けを行います（図 2.4）。

図 2.4 は、アジャイル変革が上手くいくために重要となるよくあるパターンを示しています。そのパターンとは、「誰が（Who）」（適切なリーダーシップスキルを持つ適切な人たち）から始めて、「なぜ（Why）」（顧客を理解し、それを誰

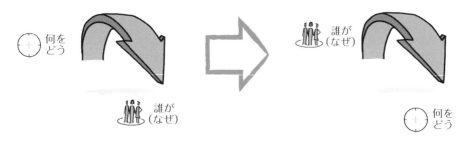

図 2.4: チーム組成における支援は、チームメンバー（誰）とチームゴール（なぜ）に焦点を当てるところから始める

もが理解できるミッションに転換する）と組み合わせることです。「なぜ（Why）」と「誰が（Who）」がいったん固まると、「どう（How）」価値を作るか、「何を（What）」すべきか（さらに、何をすべきでないか）という選択がより容易になります。

ほとんどの組織では、アジャイルへの変化に対して逆のアプローチをとっています。それは、ポートフォリオ、プロダクトバックログ、そして、アジャイルプロセスから始めるということです。それゆえ、実現戦略を作り、最後の段階として、全員が変化に参加するように動機づけしようとするのです。それでは、組織の人たちが変化に十分に関与できないことが多いのもうなずけます。

第 3 章では、チームがどのように取り組み、顧客に何を提供しようとしているのかを発見するために、リーダーがどのようにチームを支援するかについて説明しています。

顧客ニーズをチームの目的に転換する

> **STORY**
>
> 顧客アウトカムワークショップをふりかえりながら、ドリーンは、次第にあることに気づき、ナゲッシュと話し合います。
> **ドリーン**「このチームがどのように団結していくかを見ていると、今までの私たちの取り組み方といかに違うかがわかってきています。別の組織の部門では、私たちは何に取り組むのか、何を提供しようとしているのかは話しますけど誰の

ために取り組むのか、さらに顧客が何を求めているのかについて話す時間はほとんどありませんでした。すべてが逆行していることに気づき始めました……。それでいて、私たちは、私たちが望んでいると思った結果を達成できていないことを不思議に思っています。」

ナゲッシュは同意してうなずきます。

ナゲッシュ「以前いた会社で私がわかったのは、染みついたパターンを変えるのはとても難しいなということでした。ドリーンさんがこの新しいやり方に対して前向きでうれしいです。」

ドリーンはしばらく黙ってから、こう言います。

ドリーン「このアプローチのとても気に入っているところは、顧客のニーズに根ざすことができる点です。私たちは、顧客が必要としていることについて多くの推測をしていて、それが間違っていることに気がつきます。あと、顧客の問題に取り組む意欲を持っている人をチームに引き寄せることも気に入っています。でもですね……。」

ナゲッシュは微笑みます。

ナゲッシュ「そうくると思っていましたよ。」

ドリーンも微笑みます。

ドリーン「私たちが取り組んでいることのすべてが、心躍るものばかりではないのですよね。新プロダクトを開発するよりももっと平凡なことでもやらなければならないことがたくさんあります。では、どうやっていきましょうか？」

ナゲッシュ「その質問はまたのちほどにしましょう。今のところ、最初の一歩を素晴らしい形で踏み出しているチームがありますからね。そして……。」

ナゲッシュは、印象づけるために一呼吸を置きます。

ナゲッシュ「私たちはみな、社会的な存在だということを共有したいです。適切な環境を作れば、私たちは団結して取り組むことを楽しむように進化してきたのです。私の経験では、共通ゴールに向かって一緒に取り組む喜びだけで十分なのです。たとえそのゴールが比較的平凡なものであってもです。チームが団結するための支援をもう少し経験したら、またこの話に戻ってきましょうか。」

ドリーン「そうですね。でももうひとつ気になることがあります。それは今すぐに解決する必要はないのですが、顧客中心のミッションを軸にチームを組成するのを手助けするのは難しいということです。ただ、私たちの最大の問題はそれではないこともわかり始めています。最大の問題はというと、あなたと私にできることには限りがあるということですよね。このチームが新しい方法で取り組むための環境を作っていますが、旧態依然とした従来のタイプの管理職が大勢いるのです。彼らは、チームに誰を組み込んで、そのチームが何を提供するかを意思

決定するというやり方に慣れているのですよね。今ではそれが間違っていると思っていますけど、そんな彼らをどう変えたらよいのか、まだわかりません。」

ナゲッシュ「しばらくは、あなたと私が新しいチームに必要な環境を作ることができます。時が経てば、この新しい方法で成長したいと思っている別の管理職たちも見つかるでしょうし、私たちが彼らの学びを手伝うことができます。でも、その前に、この新しい方法が上手くいくと思わない人たちが出てくるでしょうね。もしそんな彼らが変わろうとしないのであれば、組織の内外を問わず彼らが最善だと思う方法で働ける場所を見つけ出す手助けをしなければなりません。でも今、私たちにできる最善とは、この新しい方法がよりよい結果をもたらすことを示すことですね。それはチームがより幸福になり、顧客もより幸福になることです。」

ここまでのふりかえり

　組織をよりアジャイルにしようとするリーダーが、組織の迅速な変化を支援するための何らかの「近道」を求めることがよくあります。なぜなら、従来のやり方がどれだけ組織に根づいているかを理解していないからです。組織が変化するための唯一の現実的な方法とは、チーム単位で取り組むことです。リーダーとチームに十分なゆとりがあれば、リーダーがチーム組成と学習を支援する限りは、複数チームが同時に学び、変化することもできます。

　出発点は、志願者によってチームを組成できるようにすることです。つまり、誰と取り組むか、何に取り組むかを自分たちに選択させるのです。チームにメンバーを割り当て、何に取り組むかを指示することは、多くのリーダーが犯す最初のつまずきなのです。アジリティの原動力とは、自己管理チームであり、チームメンバーが自分たちでチームを組成するのを信頼できないようであれば、必要となる複雑な決定を行うことは決してできません。

　このようなチームが組成されると、満たされていない顧客ニーズに応えることがチームの価値基準となるのです。これは、顧客の現在している体験と顧客が望む体験のギャップという観点で表現されます。このような満足度のギャップを埋めることが、チームに目的を与え、素晴らしいことを成し遂げるのに必要な動機づけになるための焦点になるのです。

ここまでのふりかえり 39

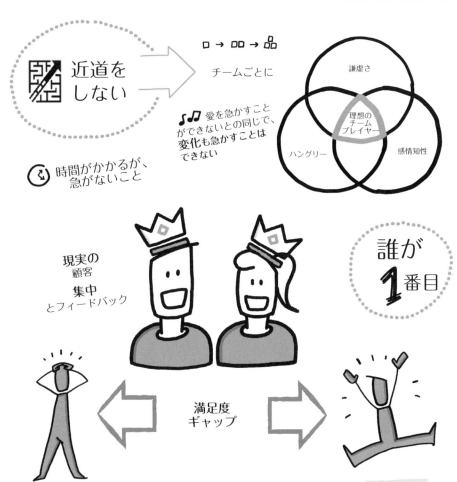

第3章
アウトプットから
インパクトへの転換

　多くの組織において、組織のミッションを製造業の用語で考えることにメンバーは慣れています。顧客が消費するアウトプットを組織が生産するといった具合です。（そのアウトプットがプロダクトでもサービスでも）アウトプット指向の組織では、商品を買ってくれる人がいる限り組織は回るため、組織自身の効率と商品が迅速に効率よく生産されているかどうかが組織の関心ごとになるのです。

　このアウトプット中心の考え方の問題点とは、（衝動買いは別として）人とは買いたいから買うのではないということなのです。人が商品やサービスを購入するのは、これらの商品が何らかの特定のアウトカムの達成に役立つと思っているからです。例えば、自分が体験している問題が解決したり、感じている痛みを和らげたり、実感している何らかの恩恵を得たりといったアウトカムの達成です。顧客が実際に達成しようとしていることを考えることで、組織は顧客によりよいものを提供できるかもしれない方法のインサイトを得ることができるのです。これらのインサイトは、組織がよりよいプロダクトやサービスを作り出したり、より多くの顧客を惹きつけるようなプロダクトやサービスを生み出したりするのに役に立つ可能性があります。

　アジャイルリーダーは、生産されるもの（あるいはもっというと社員が行っていること）ではなく、顧客のアウトカムという観点からゴールを組み立てることで、アウトプット重視からインパクト重視へ移行するのを支援します。この移行は些細なことのように見えますが、移行によって引き起こされる結果は計りしれません。

「計測できれば、成し遂げられる」[*1]

> **STORY**
>
> 　ナゲッシュの提案で、彼の支援のもとで、新たに組成した GSS チームのメンバーは、エナジー・ブリッジ社のいくつかのチームを訪問します。その仕事ぶりを見て、GSS チーム自身のやり方を決めるインサイトを得ます。ドリーンとカールは、GSS チームの改善の仕方をリライアブル・エナジー社の別のチームたちとどのように情報共有すべきかを学ぶために、彼らと合流します。
>
> 　GSS チームは、エナジー・ブリッジ社のそれぞれのチームによって、共有することやコミュニケーションのやり方が少しずつ違っていることを目にします。どのチームも、現在取り組んでいること、即時戦術ゴール（2 週間）、中間ゴール（3 ヶ月間）、そしてそれらのゴールが戦略的ゴールに関わっているかについて完全に情報を公開しています。これらの各ゴールは、チームが提供しようとしている顧客アウトカムの観点から表現されています。しかし、これらのゴールを達成するために必要な能力に関連するチームの効果性に関する計測指標はというと、チームによってやや違いがあります。
>
> 　特にカールが危惧しているのは、全チームに標準的な計測指標の報告がされていないことです。
>
> **カール**「管理職はどのようにしてチームが行っていることを把握しているのですか？　あと、チームが困難に陥って、是正措置を講じる必要があるとき、管理職はどうやってこのことを知るのでしょうか？　たとえサーバントリーダーシップの文脈であっても、管理職はチームを手助けするために介入すべきタイミングを知る必要がありますよね？　それと、上級管理職はこれらのチームのパフォーマンスをどのように比較するのですか？」
>
> 　ナゲッシュは答えます。
>
> **ナゲッシュ**「私たち上級管理職は、チームがチームのゴールに向かってどれだけ前進しているのかに着目しています。2 週間ごとに戦術ゴールを達成したかどうかを確かめることで、私たちもチームも進捗状況を見る機会としています。あと、中間ゴールに向かって進んでいるかどうかも、その時点である程度把握することができます。ときには、その中間ゴールが本当に適切なゴールなのかとか、中間ゴールを調整するなどして学ぶこともあります。」
>
> 　ナゲッシュは続けます。

[*1] これは従来のマネジメント手法の定説であるが、この場合は当てはまることが多い。人は計測できることを実行する傾向があるからだ。

ナゲッシュ「実際、隔週で行われるレビューでは、ゴールや阻害要因について、私たちにできる支援を含めて、多くの時間を費やして話し合っています。私たちはリーダーとして、チームがこれから阻害要因を取り除くのを手助けする方法を探したり、チームが学んだことを踏まえて、私たちの戦略的ゴールがまだ適切であるかどうかについてフィードバックを求めたりします。」

カールの反応を見ると、彼はナゲッシュの答えが少し甘いと感じているようです。

カール「チームがどれだけ生産性があるかを示すベロシティやスループットのような計測指標を用いるのはどうですか？　作業単位が標準化されていれば、アジャイルチームを組織の別のチームと比較し、チームの生産性や効率を把握することができます。私たちはしばらくの間そうしてきたのですが、それはチームを軌道に乗せるのに役立ちましたし、『実験』を行って多くの時間と労力を浪費するのを防げます。」

ナゲッシュは答えます。

ナゲッシュ「私たちは、チームのアプローチに対して推測するようなことはしません。チームの『生産性』を監視することも、チームの『パフォーマンス』を比較することもしません。どのチームも違った課題に取り組んでいますし、その課題に対応するための最善のアプローチを選択する柔軟性も必要です。私たちがやっていることには、『標準的な作業の単位』がないので、パフォーマンスや生産性を比較することはできないのです。」

ナゲッシュは続けます。

ナゲッシュ「だからといって、チームが苦戦しているかどうかを気にしていないわけではないですよ。もしチームが常にチームの戦術ゴールを達成できていないのであれば、そのゴールが適切だったのかどうか、今後ゴールをよりよく達成するためにどうすればよいのかをチームと話し合うようにしています。これはチームを罰するためではなくて、私たち全員が適切なことに集中しているかどうかを理解するためなのです。チームが必要なときに助けを求めようとしないことがわかることもありますし、彼らでは制御できないところで何かを変えないといけないとわかることもあります。しかしときには、チームが効果的に機能していないことを見つけて、その問題を解決するために彼らと協力して取り組まなければならないことだってあります。」

計測における課題

計測は、大半の組織にとって議論のテーマになっています。管理職は進捗やリ

スクの透明性を求めますが、管理職からチームに課せられる計測指標は進捗とリスクのどちらにも寄与しないことがほとんどです。また、管理職が計測指標をパフォーマンスへの評価や処分に用いると、透明性が損なわれ、社員が計測指標を「操作」して現実を実際よりももっとよく見せようとしてしまいます。

私たちは、計測指標を3つの大まかなカテゴリーに分類しています[2]。

- **アクティビティ**：組織の人たちが行う事柄です。例えば、作業をすること、会議へ参加すること、議論すること、コードを書くこと、レポートを作成すること、カンファレンスへ出席することなどがあります。
- **アウトプット**：組織が作成するものです。例えば、（機能を含む）プロダクトのリリース、レポート、欠陥レポート、プロダクトレビュー結果などがあります。
- **アウトカム**：プロダクトの顧客またはユーザーが体験する望ましい成果のことです。これらは、顧客またはユーザーが以前よりも速く目的地に行けるようになったり、以前より稼げたり、節約ができたりすることが挙げられます。また、顧客やユーザーが体験する価値が以前の体験より低下した場合は、アウトカムがマイナスになることがあります。例えば、これまで利用していたサービスが利用できなくなった場合などです。

アクティビティとアウトプットは、単純に数えることで簡単に計測することができます。アウトカムは、プロダクトやサービスを利用した結果に現れる顧客体験の変化を計測する必要があるため、計測するのは、はるかに困難です。

アクティビティやアウトプットからアウトカムに重点を移すことは、サイロ化している組織では、特に困難になります。なぜなら、実際に顧客と接している人がほとんどいないからです。サイロ化している組織の人たちにとっては、他部門を「顧客」と見なしています。その結果、実に軽率で、損失を与えるような振る舞いさえも取ってしまうのです。他部門は本来の顧客ではないはずなのに、あたかも顧客であるかのように振る舞うことによって、実際の顧客ニーズを満たすことよりも、組織内のニーズを満たすことのほうが重要であるかのように思わせて

---

[2] 3つの大まかなカテゴリーについては、エビデンスベースドマネジメントガイド（https://www.scrum.org/resources/evidence-based-management-guide）を参照のこと。

しまうのです。

　組織では、しばしば顧客アウトカムを計測するという難しい問題に取り組むよりも、アクティビティとアウトプットの計測指標を、上手くいっていることの代用として使おうとします。組織は、特定の計画に従えば、よいアウトカムが得られると仮定し、そのために、プロジェクトが上手くいっているかどうかを判断するために、その計画をどれだけ遵守できているかを計測するのです。実際には、あらゆる計画は推測や仮説の束で成り立っており、それに従ったとしても、有益な結果をもたらすかどうかはわかりません。**納期どおり**や**予算どおり**とは、上手くいっていることの代用にはならないのです。

　アクティビティやアウトプットに基づいたゴールは、上手くいっている代用としては不十分であるだけではなく、計画に基づく計測もまた、組織の人たちを蔑ろにし、やる気を失わせてしまいます。計画を立てるのが管理職であり、実際に取り組む人たちでない場合、管理職には実際に問題に取り組んだことで得られる経験やインサイトが不足しがちです。裏づけの乏しい経験しかしていない管理職よりも、プロダクトを開発したり、サービスを提供したりしているチームのほうが、顧客が本当に必要としているものに対して、優れたインサイトを持っていることが多いのです。

> **管理職が立てる計画には、実際に問題に取り組んだことで得られる経験やインサイトが欠けているのが普通だ。**

ゴールとは解決策であり、ときには問題でもある

　問題の根底にあるのは、ゴールや何をもってゴールへの進捗とするかにおける混乱であることがよくあります。パフォーマンスの高いチームには計画は不要です。しかし、彼らには明確なゴールが必要です。ゴールを達成するために何をすべきかを自分たちで意思決定できるようにするのです。

　アクティビティとアウトプットに基づいたゴールでは、チームに作業計画を指示するのと同じようにマイクロマネジメントに繋がります[*3]。ゴールや計測指標

[*3] この話題については「OKRs: The Good, the Bad, and the Ugly」（https://www.scrum.org/resources/blog/okrs-good-bad-and-ugly）を参照のこと。

が、顧客の体験する価値の向上ではなく、アウトプットに基づいたものであったならば、その作業は「理由（Why）」を失ってしまうのです。

　アウトプットに基づいたゴールでは、チームが特定の期間にどれだけの作業をこなしたかを見るといったように、生産性に焦点を当てることがよくあります。生産性が重要となるのは、チームの作業が顧客にとって価値のあるアウトカムをもたらすときだけです。まだしっくりこないようでしたら、時速100キロで間違った方向に進むのと、時速1キロで適切な方向に進むのとではどちらがよりよいかを考えてみてください。

　効果的なゴールとは、顧客アウトカムの観点から表現するもので、ゴール達成を組織がどのように知ることができるかを示す具体的な計測指標も含みます[4]。これには、戦略的ゴール、中間ゴール、即時戦術ゴールの3種類があります。

- **戦略的ゴール**：組織が達成したいと考えている重要なものです。このゴールは大きくて遠く、その道のりには多くの不確実性があります。したがって組織は経験主義を用いなければなりません。戦略的ゴールは、非常に高い目標であり、その道のりは不確実であるため、組織は、一連の現実的な中間ゴールを必要とします。
- **中間ゴール**：達成することで、戦略的ゴールに向けて組織が進捗していることを示すものです。中間ゴールまでの道のりは、まだ不確実なことも多いですが完全にわからないわけでもありませんし、即時戦術ゴールの積み重ねによって描かれていくものです。
- **即時戦術ゴール**：ひとつのチームまたは複数のチームによるグループそれぞれが、中間ゴールに向けて取り組む重要な短期ゴールです。これらのゴールの関係性は、図3.1のようになります。

　ケーススタディにおいて、エナジー・ブリッジ社のチームは、3種類のゴールをすべて持っています。2週間ごとの作業サイクル（例えば、スクラムにおけるスプリント[5]）の始めに、チームは新しい即時戦術ゴールを設定します。

　この即時戦術ゴールは、達成することにより彼らの中間ゴール、さらに組織の

---

　[4] S.M.A.R.T. ゴールが必ずしも適切でない理由については、https://www.scrum.org/resources/blog/when-are-smart-goals-not-so-smart を参照のこと。
　[5] スクラムについては、「スクラムガイド」（https://scrumguides.org/）を参照のこと。

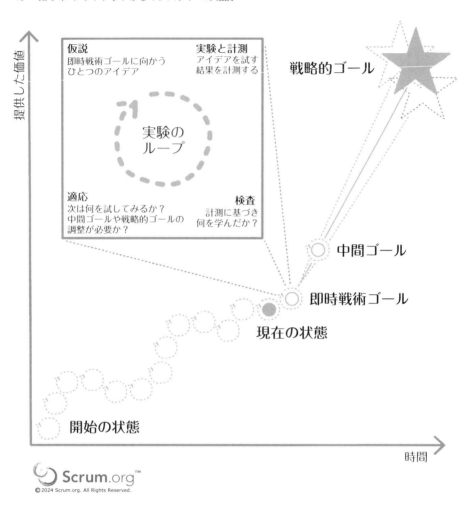

図 3.1: 戦略的ゴールを達成するには、実験、検査、適応が求められる[6]

戦略的ゴールに近づくと確信するものです。管理職は、いつでもチームの進捗状況を検査することができますが、特に2週間ごとの作業サイクルの最後に検査を行います（例えば、スクラムにおけるスプリントレビュー）。これらの作業期

---

[6] 詳しくは、「エビデンスベースドマネジメントガイド」（https://www.scrum.org/resources/evidence-based-management-guide）を参照のこと。

間中の成果と学びに基づいて、チームは戦略的ゴールに向けた進捗を改善するために、取り組み方やときにはゴールさえも適応させていきます。

　中間ゴールも戦略的ゴールも、チームや組織が学んだことに基づいて時間の経過とともに少しずつ変化していく可能性があることには注意してください。このことは、チームや組織がゴール達成を容易にするために「ゴールポストを動かしている」ということではありません。プロダクトやサービスの利用状況から得られた新たな顧客インサイト、競争相手のサービス、またはより広く社会的な変化から生じる顧客ニーズの変化を反映して、ゴール自体を更新する必要があるかもしれないということです。

リーダーシップ、計測、エンゲージメント

STORY

　カールはナゲッシュの返答に苛立っています。

　カール「スタートアップ企業であれば、管理職がチームレベルのレビューに参加して現状を把握することは有効なのかもしれませんけど、うちのような規模には合いませんよ。私たちの管理職たちは忙しすぎて、チームが順調に進んでいるかどうかを確認するために、2、3週間ごとに半日もチームのために時間は取れないです。チームのパフォーマンスを経営陣に伝えるためにダッシュボードか進捗報告が必要です。これらがあれば、軌道から逸れたときに経営陣がチームに働きかけ、困りごとを解決する支援にも関与できますからね。」

　ナゲッシュはカールが言い終えるのを待ちます。そして、カールが話し終えたことを確かめ、答えます。

　ナゲッシュ「私には、リライアブル・エナジー社の経営陣の働き方はまだよくわかっていないのですが、私が過去に働いていた組織では、経営陣はほとんどの時間をお互いに会議をしていて、二次情報や三次情報で意思決定をしようとしていました。彼らは部分的な情報に基づいて多くの推測を行っていて、その推測も結局は誤りだったとわかることもよくありました。」

　ナゲッシュは続けます。

　ナゲッシュ「私たちが時間をかけて学んだのは、顧客や顧客のニーズ、そのニーズを満たすためにやってみた貴重な情報が、チームにはあるということです。これらの情報は単純なダッシュボードにまとめることはできないのです。私たちは、チームを組織の価値創造の欠かせない原動力だと考えています。」

ナゲッシュはさらに続けます。

ナゲッシュ「隔週で行われるゴールに対する進捗状況のレビューは、経営陣が何が起きているのかを直接理解するための欠かせない場になっているのです。経営陣は、解釈やフィルターのかかっていないビジネスを真に理解するこの機会を高く評価するようになりました。彼らはこの機会を有意義に過ごすことで、組織を支援できると感じているのです。隔週で行われるレビューでは、実際の顧客を招くことだってありますし、とても興味深いインサイトを得ることだってできました。」

カールは興奮が高まる中、返答しようとしましたが、ドリーンが口を挟みます。

ドリーン「この仕組みをもっとよく理解したいです。それを新しい GSS チームで試してみることだってできると思います。私も、何が起こっているのかよく理解できずに悔しい思いをしたことがよくあります。ダッシュボードや進捗報告がすべてを伝えていないと感じてもいます。私たちは、進捗報告では上手くいっているように見えたプロジェクトがいくつもあったけれど、何かが上手くいかなくなって、進捗報告が信頼に足るほど有望ではなかったという出来事もたくさん見てきました。もっとよい方法があるのかもしれませんね……。」

経営陣と実際に開発して提供するチームの間には、情報をフィルターにかけているそれぞれの組織的な階層が存在しています。多くの場合、このフィルタリングされた情報には、さまざまな決定に役立つ貴重なインサイトやニュアンスが含まれています。中間管理職は、往々にして善意で行動しています。詳細情報を省くことで、多忙な経営陣の時間を尊重しようとしているのです。しかし、フィルタリングとは、何が重要で何が重要でないかという主観的な決定を伴うものです。したがって、フィルタリングは付加価値にはならないのです。

残念ながら、このようなフィルタリングは、意識してか無意識かにかかわらず、ものごとを「よく見せたい」という願望によって行われることが多いです。著者たちはそれぞれに、善意のある人たちが特定の課題を「黄色か、赤か」(やや懸念があるか、とても懸念があるか)で論じているのを目にしてきました。これには、経営幹部の怒りの矢面に立つのを避けるため、課題の重要度を下げてしまいたいという傾向が彼らにはあるからなのです。

このような透明性の欠如は、実際にはチームが苦境にあり、違うやり方を選択する必要があるにもかかわらず上手く進んでいるという印象を持たせることに繋

がっていきます。しかし、やり方の変更が、新しい情報に対する積極的な適応とみなされず、パフォーマンスの低下の兆しとみなされると、チームはよい結果を出すために必要なやり方の軌道修正を遅らせてしまったり、拒否してしまったりする傾向がよくあります。透明性の欠如は、時間をかけて組織がゴールを達成するために必要な判断能力を低下させます。

透明性の欠如は、ゴール達成のための判断能力を低下させる

多忙な経営陣にはチームと関わる時間がない、というのは間違いです。チームと関わり、ゴールに向けた進捗状況（この進捗を妨げている課題を含む）を理解することで、経営陣はよりよくチームを支援するだけでなく、組織のゴールを検査し、適応させることができるようになるのです。戦略的ゴールとは、石のように固定されているものではなく、新しい情報によって継続的に適応させる必要があるものなのです。経営陣は、見せかけの前向き指向フィルターがかかっていると情報を得ることができなくなるのです。

顧客に一連のアウトカムを提供する責任を持つアジャイルチームは、進捗を妨げるような状況に遭遇した際は、いつでも即座に行動を起こします。通常、このようなチームは、情報を共有することを恐れませんし、開かれたレビューセッションで組織内の誰もが情報に触れることができるようにします。このような振る舞いをしていれば、情報をフィルタリングする必要はなくなります。また、リーダーは、ゴールに関する整合性をとり、チームが問題解決の助けを求めた時に支援するだけでよくなります。

組織文化と透明性

組織が見せかけの前向き指向に慣れてしまうと、透明性を脅かすことになります。それは、組織文化によって、ものごとの進捗について前向きなこと以外は何も言わないようになってしまっていることを指します。熱意と忍耐がほとんどの妨害を克服できると思うことには利点もあるかもしれませんが、利用できるすべての情報を合理的に検討しないと、適切な判断にはなりません。

組織が透明性に慣れていないと、新しい情報が現状を脅かすことがあります。著者たちが実際に経験したことに基づいた次のエピソードは、この問題を示して

50　第3章 アウトプットからインパクトへの転換

います。

> **STORY**
>
> 　自己管理チームは、自分たちが顧客に提供している価値を理解したいと考えています。チームはそれぞれの機能が実際にいつ使われ、どれくらいの時間使われているかを収集する機能をアプリケーションに取りつけます。プロダクトを使っている顧客から戻ってくるデータをレビューするうちに、チームは多くの時間をかけて開発したいくつかの機能があまり使われていないことに気づきます。さらに、そのうちのいくつかの機能は全く使われていないこともわかります。
>
> 　このことを知ったPMOの責任者であるカールは、機能の使用状況を測るのをやめるようにとチームに指示しようとします。なぜなら、あまり使われていない機能と、全く使われていない機能を強く推していたステークホルダー（その中には影響力のある経営陣もいます）が「悪く見られる」のをカールは恐れているからです。彼は、チームが間違ったプロダクトを作ってしまうことよりも、影響力のある経営陣からの批判を恐れているのです。

　透明性が組織の意思決定能力にプラスの影響をもたらすためには、組織自体が透明性を受け入れなければなりません。組織は、特定の個人の地位を維持することよりも、価値を提供する能力の向上を重視しなければならないのです。

　リーダーには、望ましい振る舞いを示すことによって、組織がこの転換を支援する責任があるのです。このことを説明するために、次の実際の（ただし、匿名化され、簡略化されています）エピソードを考えていきましょう。

> **STORY**
>
> 　ある新任の最高経営責任者は、すべての部門責任者と彼らの上手くいっていることと課題について見解を聞くためのレビュー会議を開きます。プレゼンのたびに、彼は、それぞれの部門がどれだけ素晴らしい働きをしているか、会社の成功にどう貢献しているのかを聞きます。
>
> 　プレゼンの最後に、最高経営責任者は全員の成果に感謝しつつも付け加えます。
>
> 　**ある最高経営責任者**「ご存知のとおり、昨年に我が社は1億ドル以上の損失を出し、市場価値は数十億ドルも下落しました。競争相手は我が社よりもはるかに速く進んでいます。すべてが上手くいっているはずがないことを私はわかっています。今後のレビュー会議では、お互いに課題と懸案事項を共有し、お互いに手助けできるようにしたいと思っています。」

次の経営幹部によるレビュー会議では、最初に発表した経営幹部が、自分の組織がいかに重要な課題に苦労しているか、より現実的で、冷静に状況を共有します。発表が終わると、出席者が様子見をして沈黙している瞬間があります。この最高経営責任者は、立ち上がって拍手するという力強い行動をとります。発表した経営幹部の率直な情報共有に感謝し、課題を克服するために最高経営責任者と他の部門からどのような支援が必要かを尋ねます。続いて発表する人たちについても同様のことを繰り返していきます。この行動によって、たった1回の会議で、この最高経営責任者は組織が透明性を受け入れる機運を築いていきます。

　信頼は透明性を保つために必要な前提条件となります。この信頼を築くには長い時間がかかりますが、ほんの一瞬の軽率な行動によって信頼を損なうことになります。リーダーは、信頼、ひいては透明性が高まるような環境を作っていきます。信頼を築くには時間がかかるため、組成したばかりのチームには問題が発生します。彼らはまだ何も成し遂げていないため、組織からの信頼を得られていないからです。

　信頼の欠如は、実際にチームが信頼を得るための能力を身につけるのを妨げ、チームが信頼されない印象が強まるという問題を生み出します。チームを信頼していない組織は、何をチームが提供するか、どう取り組むのかを決定しようとします。これによって、組織は、チームが自分たちでよりよい解決策を模索する裁量を制限します。このようなエンパワーメントの欠如によって、多くの場合はチームメンバーが問題に関与しなくなります。もしくは、何をどう作るかを指示さえすれば関与するようになります。誰と何に取り組むのかを選択する裁量がない場合、チームメンバーのモチベーションはさらに影響を受けます。

　チームの自己組織化を支援することは、信頼をはっきりと示すものですが、それはチームメンバーが何をしてもよいという意味ではありません。意義のあるゴール設定を支援し、そのゴールに向けた進捗状況を頻繁に検査し、よりよいゴール達成のためにゴールとやり方を適応させることを支援することは、信頼を築き、自律性を育て、高いパフォーマンスを発揮するための重要な要素なのです。

　チームメンバーがチームの存在理由を理解すれば、そのゴールを達成するためにどのように協力するか、顧客が顧客の達成したいゴールにたどり着くために何を提供するか、を考えることができるようになります。何を作るかは、時間の経

過とともに変化していくため、実際にはそんなに重要ではありません。チームが
ゴールに向かってどのように取り組むのか、実際のゴール自体のほうがはるかに
重要なのです。これらの決定を適切に行うチームは、何を提供する必要があるの
かを把握しているからです。

時間経過を伴う内部視点と外部視点のゴールバランス

> **STORY**
>
> 　カールは明らかに懐疑的です。
> 　**カール**「定期的にパフォーマンスレビューをすることは、それを何と呼ぶかは
> ともかく、よい方法ということはわかりましたよ。でも、チームが進捗してい
> るかどうかを知るには、マイルストーンのある計画を立てて、その計画とパ
> フォーマンスを比較しないといけませんよね？」
> 　ナゲッシュが答えます。
> 　**ナゲッシュ**「チームから上級管理職まで、誰もが自分たちが適切な方向に向
> かっているかどうかを自問することに多くの時間を使っています。つまり、チー
> ムが時間をかけながら、**満足度のギャップ**が縮まってきているかどうかを、私た
> ちは気にかけているのです。満足度のギャップについては今までに話してきまし
> た。私たちは、中間ゴールと戦略的ゴールを示すことで、いくつかの顧客グルー
> プの満足度のギャップが縮まるようなアウトカムを提供するようにしています。」
> 　ナゲッシュは続けます。
> 　**ナゲッシュ**「スピードと生産性は重要ですが、スピードと生産性のような計測
> 指標だけだと、適切な方向に向かっているかどうかがわからなくなるという問題
> 点が出てきます。スピードと生産性は、適切な顧客体験を提供することに向けら
> れる必要があります。顧客に対して適切なアウトカムを提供している確認ができ
> れば、より速く、より効率よくなることに集中できます。」

　戦略的ゴールは、特定の望ましい顧客のアウトカムを達成するという観点から
表現するのが最善です。長期的な価値とは、顧客体験を向上させ、組織が優れた
体験を提供できる顧客の数を拡大することによってのみ生み出されるものだから
です。
　中間ゴールも通常は、顧客のアウトカムという観点から表現するのが最善です

が、価値を提供する能力を向上させるためには、短期的および中期的に別のことに焦点を当てなければならないこともあります。

ある組織が顧客に対して、1年に1回しか新しい機能を提供しない場合を考えてみましょう。この提供頻度では、顧客体験を計測するだけでなく、顧客体験の向上に対しても非常に長い時間をかけることになります。組織が顧客価値を頻繁に計測し、改善できるような頻度の提供リズムを作れるまでは、より速く提供していくために短期ゴールや中間ゴールに集中することが重要なのは明らかです。

同様に、以前から残っている問題の修正や割り込みへの対応に多くの時間を使っていると、組織が頻繁に価値を提供しているとしても、それはとても小さな価値の積み上げになっているのかもしれません。

組織のどこが改善すべき点なのかをよりよく把握するために、4つの異なる重要価値領域（KVA：Key Value Area）を用いて、どこに焦点を当てるべきかを検討します。

- **未実現の価値**：潜在的なすべての顧客やユーザーのニーズをプロダクトやサービスが満たせば実現可能な将来の価値のことです。
- **現在の価値**：プロダクトやサービスが現在提供している価値のことです。現在の価値と未実現の価値の間の差分が、**顧客満足度のギャップ**になります。

組織内の能力を判断するために、下記の2つの重要価値領域を検討します。

- **市場に出すまでの時間**：新しい機能、サービス、プロダクトを速く提供する組織の能力の指標です。
- **イノベーションの能力**：顧客ニーズを上手く満たせるような新しい機能を提供する上での組織の効果性の指標です。

例えば、付加価値がない活動に多くの時間をかけすぎると、作業速度だけが速くなって、それぞれのリリースではそれほど多くの価値を提供できない可能性があります。

これらの重要価値領域は計測指標そのものではなく、計測指標の種別です。具体的な計測指標とは、組織や組織の状況によって異なってくるものです[7]。

---

[7] これらの重要価値領域の詳細と具体的な計測指標については、エビデンスベースドマネジメントガイド（https://www.scrum.org/resources/evidence-based-management-guide）を参照のこと。

あらゆるレベルでのゴールと計測指標

STORY

　こうした話し合いの結果、ドリーンはリライアブル・エナジー社の以前のミッションステートメントを見直し始めます。「信頼性の高い持続可能な電力プロダクトを提供する」というミッションは、意思決定の指針としてはあまりにも抽象度が高すぎました。しかも、このミッションは顧客ニーズに焦点が当たっておらず、社内に焦点が当たっていました。今では、チームが自分たち自身の戦術ゴールと中間ゴールを立てることに苦労している様子がドリーンにはよくわかるのです。

　ドリーンはナゲッシュの助けを借り、従来のリライアブル・エナジー社の組織にとって意味のあるアウトカムに基づいた計測指標はどれかを探ります。チームがこれまでに行ってきた仕事をもとに、チームは以前に特定した顧客のタイプのリスト（図2.2を参照）をさらに洗練させることを提案します。チームは、顧客をこれまでのように一般家庭や事業者というだけでなく、電気自動車の所有者、小規模発電事業者、料金にシビアな製造業など、より細分化したサブグループに分けていきます。

　チームが話し合いを進めるうちに、顧客グループによって望んでいるアウトカムが大きく異なっていることがわかります。例えば、料金にシビアな製造業は、よりよいレートにするために製造ラインを一時的に休止させて、需要が多い時間帯の電力使用量を減らすことを望んでいます。一方で、冷暖房をリライアブル・エナジー社に依存している一般家庭は、年間を通じて多少値段が高くなったとしても、気温が重大な閾値を上まわったり下まわったりしても電力が途絶えないことが保証されることを望んでいます。また、誰もが発電を望んでいるわけではありません。顧客には、発電を望む人もいますが、単に安定供給を望んでいる人もいるのです。

　これらの顧客グループごとに、チームは満足度のギャップと思われるものを特定し、既存のプロダクトやサービスがそれらのギャップを埋める方法を検討します。また、チームメンバーは、既存のプロダクトやサービスでは満足度のギャップに対応できない自社のカバー範囲のギャップも特定します。これらは将来の投資や買収の可能性がある分野であるとチームメンバーは指摘します。

　このセッションの結果には、プロダクトやサービスごとにひとつずつ、一連の戦略的ゴールが含まれます。これには、戦略的ゴールが達成されたことの根拠となる計測指標の最初のアイデアも含んでいます。リライアブル・エナジー社のプ

「計測できれば、成し遂げられる」　55

ロダクトやサービスのほとんどが、重要な計測指標として顧客満足度のギャップを計測していないことに気づきます。代わりに収益や利益などの内部的な計測指標に焦点が当たっています。これらの計測指標も重要ですが、組織がどこを改善し、どこで新しい機会を活かせるかといったインサイトは、これらの計測指標からはほとんど得られません。

ほとんどのミッションステートメントとは、漠然としていて意欲的であり、年次報告書に掲載するのには適していますが、組織の人たちやチームが決定指針にするのに役立つほど具体的なものではなく、計測可能なものでもありません。ここで説明したテクニックは、顧客が誰（Who）で、どのようなニーズを満たせていないかをより具体的にするのに役立ちます。結果として、組織は具体的で計測可能な戦略的ゴールを設定しやすくなります。さらに、戦略的ゴールの具体性によって、組織は中間ゴールや戦術ゴールを的確に設定しやすくなります。

このモデルを適用する過程で、組織のメンバーは組織が誰のために恩恵を与えようとしているのかを見失うことがあります。それゆえ、彼らは顧客満足度のギャップではなく、彼らの経営陣の満足度のギャップに誤って焦点を当ててしまうのです。もちろん理想的な状態では、顧客と経営陣における満足度のギャップは一致しているはずです。しかし、現実的には、経営陣が評価や地位を求めるあまり、顧客ニーズをほとんど考慮していない振る舞いを引き起こしてしまうことがとても多く見受けられます。

経営陣を含めた社員の幸福が重要ではないと言っているわけではありません。社員が幸福でない場合、顧客満足度は低下するものです。戦略的ゴールは顧客満足度のギャップを埋めることに焦点を当てるべきですが、中間ゴールや戦術ゴールは顧客アウトカムを向上させるために必要な段階として、社員の満足度のギャップに焦点を当てることもできるでしょう。

社員が幸福でない場合、顧客満足度は低下するのが普通だ。

STORY

アジャイルセルのすべてのチーム（GSS とエナジー・ブリッジ社のチーム）は、経営幹部ワークショップで特定した戦略的ゴールを、さらに中間ゴールと戦

術ゴールに絞り込みます（図 3.2）。チームのゴールを検討する際、ドリーンは、あるインサイトをナゲッシュと共有します。

ドリーン「チームが主体性を持って、積極的に取り組んでいるのが好印象です。それぞれのチームがゴールに向かってどのように進んでいるのかを見ること

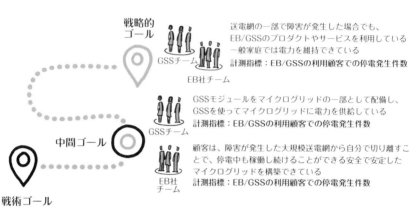

戦略的ゴール	
GSS チーム・EB 社チーム	送電網の一部で障害が発生した場合でも、EB/GSS のプロダクトやサービスを利用している一般家庭では電力を維持できている
	計測指標：EB/GSS の利用顧客での停電発生件数
中間ゴール	
GSS チーム	GSS モジュールをマイクログリッドの一部として配備し、GSS を使ってマイクログリッドに電力を供給している
	計測指標：EB/GSS の利用顧客での停電発生件数
EB 社チーム	顧客は、障害が発生した大規模送電網から自分で切り離すことで、停電中も稼働し続けることができる安全で安定したマイクログリッドを構築できている
	計測指標：EB/GSS の利用顧客での停電発生件数

戦術ゴール		
GSSチーム	EBコントローラーでGSSを管理している	
	計測指標：EBによって制御される蓄電と放電	
	オープンデバイス管理のAPIを実装できている	
	計測指標：APIによって制御される蓄電と放電	
EB社チーム	グリッドに依存しないマイクログリッドを定義するためにEBコントローラーを用いる	
	計測指標：デバイスやビルをマイクログリッドから追加や削除できる	
	マイクログリッドは、送電網に障害が発生しても稼働し続けている	
	計測指標：送電網をシミュレートし、マイクログリッドが稼働するかどうかを確認する	

図 3.2: 戦略的ゴール、中間ゴール、戦術ゴールの例

で、進捗状況についてより有意義な会話ができるようになると思うのです。あと、リーダーとして私たちがすべきことが新たに見えてきました。すべてのチームがゴールを達成した場合、会社として戦略的ゴールを達成できるかどうかを見る必要がありますね。そうでない場合、私たちの戦略には何かが欠けているということですよね。」

ナゲッシュは返答します。

ナゲッシュ「これは本当に重要なインサイトです。今では戦略について考える方法も増えましたし、チームが取り組んでいることから新しい情報を得るたびに、その戦略をテストして、改善する方法もありますね。」

ここまでのふりかえり

アジャイルチームが顧客満足度のギャップを埋めるというミッションを受け入れるためには、アジャイルリーダーが、何をすべきか、どのように作業すべきかをチームに指示したり、何のためにどう作業するつもりなのかといったチームの計画をレビューし承認したりすることをやめなければなりません。その代わりに、アジャイルリーダーは達成したいゴールに再び注意を向けて、そのゴールを達成する方法をチームに考えてもらうべきなのです。

これは、アジャイルリーダーの責任と監督が欠けているという意味ではありま

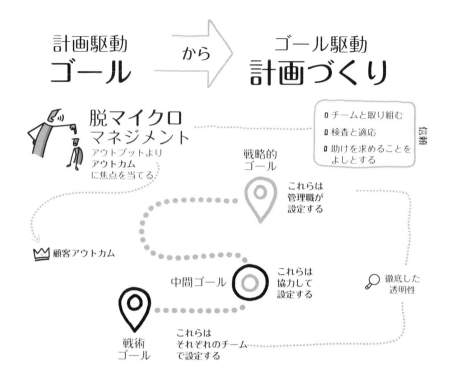

　せん。しかし、その責任の焦点は、計画に従うことから重要なゴールを達成することに移っているのです。監督すべきは、ゴールに向けたチームの進捗状況を検査し、顧客にプロダクトやサービスを提供して学んだことに基づいて、チームメンバーが今後の方向性を適応させる支援をすることなのです。フィードバックに基づいてチームが方向性を適応させるようにするには、批判を恐れない徹底的な透明性が求められます。

　意欲的な戦略的ゴールを達成するには、多くの場合、長い時間と多くの段階（そして失敗）が不可欠です。中間ゴールとは、適切な位置にいるかどうかを知るために終わりまで待つものではなく、途中で重要な段階に到達する方法を複数得ることで、リーダーとチームの両方が戦略的ゴールに向かって計測可能な進捗を上げるのに役立てるものです。

第4章
手放すことを学ぶ

　組織とは特定の結果を生み出すためのある種の機械だと考えるのは簡単です。また、組織における役割、責任、プロセスとは望ましいアウトプットを作り出すための一種の「作業エンジン」だと定義するのも簡単です。しかし実際は、組織は複雑な社会的ネットワークであり、ものごとを成し遂げることで組織の人たちは見合った評価を受け取るようにできています。報酬は評価の一形態ですが、これが最重要であることはほとんどありません。代わりに、最も重要な評価とはたいていは、表彰、評判、影響力といった地位に関するものなのです。組織にアジャイルなやり方を導入すると、これら3つの地位のすべてが変わる可能性があります。したがって、以前の仕組みから恩恵を受けていた人たちにとっては、よくない方向へ向かっていることになります。これは特に新たな問題ではなく、Niccolò Machiavelli が見てきたときからそういうものでした。

> 「新しい制度を独り率先して持ち込むことほど、この世で難しい企てはないのだ。またこれは、成功のおぼつかない、運営の面ではなはだ危険を伴うことでもある。というのは、これを持ち込む君主は、旧制度でよろしくやってきたすべての人々を敵に回すからである。それに、新秩序を利用しようと目論む人にしても、ただ気乗りしない応援に回っただけである。この連中の微温的態度は、ひとつには古い法律に頑固にしがみつく敵対者への恐怖心が働き、もうひとつには、人間の猜疑心、つまり、確かな経験を積むまでは新しいことを本気で信じようとしない気持ちからくる。」
>
> Niccolò Machiavelli[1]

---

[1] 『君主論 新版』（マキアヴェッリ 著、大岩 誠 訳、中公文庫、2018 年）より引用。

60 第4章 手放すことを学ぶ

この章では、以前のやり方とそれを可能にしてきた評価体系を手放し、新しいやり方が持続できる評価体系を構築し始めることで、組織がチームの権限強化に向けて最初の一歩を踏み出すのをアジャイルリーダーがどのように支援するかを探っていきます。

エンパワーメントはタダでは手に入らない

STORY

　ナゲッシュの手助けやアジャイルセルの他のチームたちとの協力もあり、GSS チームには透明性の向上や、顧客や他のステークホルダーとのコラボレーションにおいて大きな進展がありました。彼らは能力を向上させるにつれて、さらに役立つであろう改善点をいくつか見つけました。チームは、ドリーンとナゲッシュをレトロスペクティブ[2]に招待し、彼らの提案について話し合います。

　レトロスペクティブの前日に、リライアブル・エナジー社のエンジニアリング部門の責任者であるニックがドリーンに懸念を伝えてきます。

　ニック「GSS チームに対する不満の声を耳にすることがあるのです。私自身は新しいアイデアを探究することを全面的に支持しますけれど、そのための手段として技術諮問委員会というものが確立されています。チーフアーキテクトから、アジャイルセルのチームは確立された技術標準を無視していて、承認なしに新しいことを試していると聞いたことがあります。組織がすべてのチームにこのようなことをさせてしまえば、結果として混沌としてしまうでしょう。これを放置するわけにはいきません。」

　ドリーンは、熱心に耳を傾けながらも優しく押し返します。

　ドリーン「ニックさん、技術標準が重要なのはわかっていますが、リーダーたちの会議では、新しいことに取り組む必要があることも話し合ってきています。それに私の記憶が正しければ、技術諮問委員会は月に1回しか開催されていませんよね。私たちはチームがもっと速く進めるようにしなければいけないのです。それは私たち全員の学びに繋がります。学ぶための最善の方法は、実際に作ってみることだということは、みなさんもご存じでしょう。私たちは彼らと協力して、彼らから学び、私たちのチーム全員がより速く適応できるようにしたいのです。」

---

[2]（訳者注）チームの活動をふりかえる機会のこと。

ニックは、自分のエンジニアリング組織が迅速な判断ができていないというドリーンの指摘を明らかに不快に思っていますが、よい返答が思いつきません。ドリーンが続けます。

ドリーン「チームが独自に判断できること、順守しなければならないことのどこに線を引くことができるのかをチームと話し合いましょう。そして、いつまでに、みんなで協力して新しい境界線を決める必要があるかも話し合いましょう。」

GSS チームのレトロスペクティブの 1 時間前に、リライアブル・エナジー社のマーケティング部門の責任者であるエレンも不安げにドリーンに近づいてきます。

エレン「アジャイルセルのチームが、顧客に送っているメッセージで気になることがあるのです。」

彼女は話し始めます。

エレン「彼らが顧客と話をし独自の市場調査を行っていることが、私の耳に入ってきました。私の部門の市場調査チームは、なぜ彼らがこの市場調査チームを巻き込んでくれないのか疑問に思っています。実は私もそう思っています。顧客を混乱させたり、競争相手に顧客を奪われないよう、私たちは、顧客に送るメッセージを注意深く制御するべきです。」

ドリーンは返答します。

ドリーン「エレンさん、今すぐにこの件について話したいのですが、別の会議があるので、この件については後で話しませんか？」

レトロスペクティブの間、ドリーンは、ニックとエレンの懸案事項を念頭に置きながら、GSS チームの意見に注意深く耳を傾けます。ドリーンは、彼らの懸案事項を理解していますが、リライアブル・エナジー社が将来的に上手くいくためには、これまでと違うやり方で取り組まなければならないこともわかっています。会議が始まると、チームのほとんどがリライアブル・エナジー社に長年在籍する社員であり、おそらく彼らはドリーンと同じかそれ以上にこの会社のビジネスと顧客を知っていることがわかります。

チームは、リライアブル・エナジー社の現行運営について、いくつかの興味深い変更を提案します。変更には、エンジニアリング部門の品質保証チームが行っている現在の煩雑な統合リリースプロセスを通さないことと、新しい機能についてマーケティング部門の承認を必要としないことが含まれています。プロダクト機能をとても小さな改善の単位でリリースできるようにするためです。

チームメンバーのひとりが言います。

チームメンバーのひとり「これらの変更は、新しいアイデアを迅速に試すのに役立つでしょう。でも、マーケティング部門は大きなプレスリリースにして、新

しい機能をまとめたいと考えています。また、彼らは1年に1回のリリースよりも多いと顧客が把握しきれないとも考えています。」

別のメンバーが声を上げます。

別のメンバー「リリースが大規模で複雑な場合はそうかもしれませんが、私たちの早期リリースプログラムに参加いただいている顧客からは、プロダクトに継続的な小さな改善が見られることを評価いただけています。特に、迅速で信頼性の高いセキュリティアップデートが提供できることを高く評価いただけています。」

さらに別のチームメンバーが話し始めると、他のメンバーたちは何を話すのかがわかっているので黙って聞くことにします。

さらに別のメンバー「私たちはたくさんの成果を上げて、よりよいやり方を発見しているつもりです。でも、『この辺で以前のやり方に』戻すようにとプレッシャーを受けることが多くなっているのです。みんな、アジリティが必要だと言うのですけど、それにより現状が脅かされ始めると反発するのです。彼らは、私たちが『御用聞き』に戻り、単に『より速く、より効率的に提供する』手段としてアジャイルを用いることを望んでいるのだと思うのです。」

アジリティとは、より速く、より効率的にプロダクトを提供することではありません。アジリティは、プロセスとプロダクトの両方で無駄を取るためにやり方を改善したことによって起こる副産物です。ただし、アジリティの主なゴールとは、頻繁にフィードバックを得ることで、その結果を検査し、そのフィードバックに基づいて適応させていくことで、よりよいアウトカムを提供することです。プロセスの早い段階で仮説の検証を始めることで、チームメンバーは学ぶ時間を短くすることができるのです[3]。

このケーススタディで述べているエピソードは、普通にありふれているものです。アジリティによって自分たちの権限を損ない始めるまでは、誰もがアジリティを好みます。これは、「采配を振るう」ことに慣れている経営陣に特に当てはまります。経営陣は、一般的に自分たちの統制が効かなくなることに表立って懸念を示すことはないですが、プロセスであっても、メッセージ伝達であっても、品質と一貫性に関する懸念に重点を置きます。

---

[3] この話題に関する詳細は、Henrik Kniberg のブログ記事（https://blog.crisp.se/2016/01/25/henrikkniberg/making-sense-of-mvp）を参照のこと。

誰もがアジリティを好むが、それは自分たちの権限を損ない始めるまでだ

　権限のあるチームは、従来の組織階層を根底から脅かす存在になります。従来の組織が脅威を感じると、変化を抑制しようとし、提供プロセスの小規模な改善に留めようとするのです。それでも組織はある程度の恩恵を受けますが、権限のあるチームがもたらす士気の向上というメリットに繋がることはありません。また、サイロ化されている組織階層を経由するには決定に時間がかかりすぎるため、変化への迅速な対応力を大幅に向上させるには至りません。

　このようなアジリティの足枷に対抗するために、シニアリーダーは2つのことを行わなければなりません。まず、初期のアジャイルチームが以前のやり方に引き戻されないように支援し、保護しなければなりません。次に、ある種の権限をアジャイルチームに委譲することによって、従来の組織の人たち、特に他のリーダーたちが自分たちの認識している地位を改善できるように、組織の力関係を変えなければなりません。第1章では、初期のアジャイルチームを保護する仕組みとして「アジャイルセル」という用語を紹介しました。アジャイルセルでは、このような新しい力関係を取り入れる際に、リーダーシップからの抵抗を減らし、リーダーシップからの支援と注目を増やすことができる環境を作り出すことができます。

　このようなことを行うには秘訣がありますが、その本質とは、規範を示したり、組織の暗黙的な（ときには明示的な）評価の仕組みを変えたりすることで、支援、育成、コーチングの振る舞いの重要性を高めていくことにあります。この変化は、最上位層からもたらされるものでなければなりませんし、一貫したものでなければなりません。権限のあるチームに対する支援に一貫性がなければ、アジャイル組織への移行が単なる見せかけであると伝わることになります。また、最上位層からの支援がなければ、移行が実際には戦略的なものでないと伝わることになります。非常に多くのアジャイル変革が失敗している理由は、中間管理職からの支援しかなく、上級経営陣からの支援がないからなのです。

　この秘訣に関連して、アジャイルリーダーは組織の中の人、特に従来の組織の中の人の貢献を過小評価してはなりません。アジャイル変革の初期段階では、組織のほとんどがアジャイルな方法で取り組めているわけではないからです。組織にとっての重要性への認識をめぐってアジャイルチームと従来のチームの間に亀

64　第 4 章　手放すことを学ぶ

裂が生じてしまうと、従来の組織はアジャイルな取り組みを阻止する巧妙な方法を取ることになるでしょう。

　この問題の解決策のひとつは、組織のゴールにどのように貢献しているかをそれぞれの方法で示すことです。実際に、組織のすべてがアジャイルである必要はありません。事実として、安定性や変化の積み重ねが重要なだけでなく、不可欠であることが組織には多くあるのです。顧客満足度のギャップが大きい場合や顧客ニーズが急速に変化している場合は、アジリティが不可欠になります。対照的に、満足度のギャップが小さく、ニーズが安定している場合は、安定したプロセスが顧客のニーズに最も適しています。

　ビジネスの非常に安定したところを担うチームには、自分たちの仕事のやり方を改善する権限を得られないというわけではありません。現在のアジャイルプラクティスが上手くいっているのは、Deming らによる取り組みや、煩雑だけれども、絶えず変化するわけではない製造プロセスの改善に焦点を当てているトヨタ生産方式のようなモデルのおかげなのです。ここでのポイントは、組織のゴールへの向かい方はチームによって異なるものであり、アジャイルリーダーは全員が貢献できる環境を作るべきであるということになります。

意欲的なゴールを達成するためのチームの能力を支援するアジャイルリーダー

STORY

　ドリーンは、悩みを抱え、少し落胆しながら GSS チームのレトロスペクティブを終えます。彼女は GSS チームが適切なことを行おうとしていて、大きく進展していることはわかっていますが、アジャイルアプローチに移行することが、予想以上に難しいこともわかっています。

　会議室から出て歩きながら、ドリーンはナゲッシュに尋ねます。

　ドリーン「これが普通なのですかね？」

　ナゲッシュが返答します。

　ナゲッシュ「従来の組織からの反発ということですか？」

　ドリーンはうなずきます。ナゲッシュは続けます。

　ナゲッシュ「そうですね。従来の組織の人たちは、自分たちは組織のゴールを

達成するために最善を尽くしていると考えています。そこに誰かがやってきて、そのやり方が間違っていると暗にであっても告げられたら否定的な反応をしてしまいます。自分たちが何をしているのかわかっていないと言われてしまうのは好きではないですよね。」

ドリーンは、ナゲッシュの言ったことを率直に受け取ります。

ドリーン「今ならそれがわかります。私たちは、彼らにこれまでの成功に役立ってきたやり方を捨てて、今までやったことのないことをするように求めているのですから。」

ナゲッシュはうなずき、付け加えます。

ナゲッシュ「他にもあります。私たちは、管理職が焦点を当てていたことをすっかり変えようとしています。管理職はあらゆる『最終決定者』であることに慣れていますから。今、私たちは『もうそんなことはしないでください』と言っているのですが、管理職が何をすべきかを学ぶ手助けをしているわけではないですからね。」

誰もいない会議室の前を通りすぎると、ナゲッシュは、ドアに向って身振りで合図をします。

ナゲッシュ「見せたいものがあります。」

ナゲッシュは、ホワイトボードに次のような絵を描き始めます（**図4.1**）。

ナゲッシュ「私たちは、見えるものに注目しがちです。組織について考えるときに、私たちはプロセスや構造、または、振る舞いや発言、そしてコミュニケーションの方法といったものに注目しがちです。でも、水面下でほとんどが見えていない氷山のように、見えているものが一番重要なわけではないのです。私たちは、表面的な細部を見てしまいますが、その根本的な原因を見逃してしまうのです。」

ナゲッシュはいったんとめて、ドリーンがこれを受け入れていることを確認します。ドリーンはうなずき、ナゲッシュは続けて話します。

ナゲッシュ「組織を変えようとするときは、これらの見えないものに注意を払う必要があります。私たちはよく組織の文化が最も変えづらいものだと話しますけど、それは組織の人たちが感じている価値基準、目的、信念、恐れ、願望といったものに影響を受けているからです。組織を変えるには、こうした見えない力を利用して、永続的な変化を生み出さなければならないのです。見えない力を無視すれば、その力は私たちが達成したい結果の妨げになり続けるでしょう。」

ドリーンは少しがっかりしているようです。

ドリーン「これらのことを変えるのは信じられないほど難しいですよ。どうしたらこの状況を変えられるのでしょうか？」

ナゲッシュが続けて話します。

第4章 手放すことを学ぶ

見える問題領域	
振る舞い	・それぞれのメンバーはどう振る舞っているか？ ・どんな願いがあるのか？ ・主導しているのか、従っているのか？ ・助けを求めているか？ ・喜んでいるのか、怒っているのか、悲しいのか？
ハードの構造	・プロセス、階層構造、組織構造、機能や役割、規則、作業環境、評価や報酬について、何と言っているか？
コミュニケーション	・どのようにコミュニケーションをとっているのか？ ・言語、非言語、作用と反作用の連鎖
見えない問題領域	
ゴール	・どのようなゴールを目指しているのか？ ・どのような観察に基づいているのか？
規範と価値基準	・追求する規範と価値基準とは何か？ ・どのような観察に基づいているのか？

安全性	・リーダーは何を感じているか？ ・メンバーは心理的安全性を感じているか？ ・メンバーは恐怖や率直さを用いて意思決定をしているか？
グループの段階	・グループ育成のどの段階にいるのか？ 　（形成期、混乱期、統一期、機能期、散会期） ・どのような観察に基づいているのか？

図 4.1: ほとんどのリーダーは見える問題領域に注目するが、見えない問題領域のほうが大きく影響する

　ナゲッシュ「エナジー・ブリッジ社がスタートアップ企業だったころは、誰もが同じゴールを目指していて、情熱的で、共通のビジョンがありました。それゆえに、見えない問題領域は自然と上手くいっていました。会社が成長するにつれて、見える問題領域での活動に集中するようになってきました。時間が経つにつれて、よい人材がいなくなり始めましたが、その理由がわかりませんでした。ある日、創業当初から会社にいるメンバーが私を呼び寄せて、『メンバーが会社を去っていくのは、管理職が無関心で、繋がりを絶っていると感じているからですよ。口先だけで、見下されていると感じています。管理職が会社本来のゴールにコミットしておらず、自分たちの報酬や地位を重要視していると感じているのですよ』と言ってきました。」

　ナゲッシュはさらに続けます。

　ナゲッシュ「これで目が覚めたのです。私たちはようやく、見えない問題領域の活動に投資をしていなかったことに気がついたのです。私たちは、チームがミッションに貢献できる方法を探るために、チームとの定期的なセッションを始めました。今では、チームが新しい情報を学ぶたびに、全員がミッションを更新するのに関与するまでになりました。組織が成長するためには、リーダーは見える問題領域と見えない問題領域にバランスよく注力する必要があることを、身をもって学んだのです。」

　ほとんどの組織は、見える問題領域に焦点を当てています。実際、著者らが実施しているリーダーシップ研修では、参加者の 80％近くが見える問題領域に焦点を当てていると回答しています。これと同じパターンは、近年のアジャイル導入の停滞度合いとその背景にある理由を考えるときにも現れています（図 4.2）。

　明確で明示的なアウトカムに繋がることが期待できるため、組織は見える問題領域（プロセス、ツール、構造、コミュニケーション、KPI[*4]）に焦点を当てよ

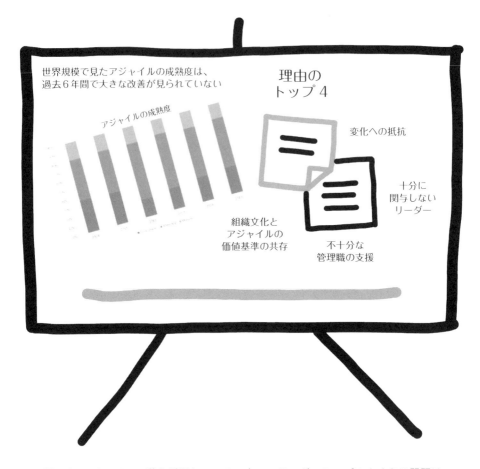

図 4.2: アジャイルの導入が遅れている一方で、リーダーシップのよくある問題は未解決のままである[*5]
〔出典：VersionOne/digital.ai Annual State of Agile Report（2014 年以降）。グラフ提供は Microsoft〕

うとします。これらは確かに重要ですが、見えるものに過度に焦点を当てると、社員の意欲を削ぐことになります。

　見えない問題領域（価値観のすり合わせ、価値観のミッション化、コーチングによる自己実現、人の悩みや不安に対する積極的傾聴の実践）に焦点を当てるこ

[*4]（訳者注）Key Performance Indicators：重要業績評価指標のこと。
[*5] State of Agile Report については、https://stateofagile.com を参照のこと。

とは、エンゲージメントを高め、人と人との強い繋がりを生み出すことに役立ちます。しかし、見えない問題領域ばかりに目を向けていると、結果が小さくなり、インパクトも不十分になり、顧客価値を生み出すことに繋がらないこともあります。

両方の問題領域の間でリーダーシップの焦点のバランスをとることによって、組織の人たちがやりがいを感じ、継続的に成長し、組織と顧客によりよい結果をもたらすことができます。

見えるものと見えないもののバランスを取る

見える問題領域に十分な焦点を当てるには、コミュニケーションの2つの側面に注意を払うことが必要です（図4.3）。

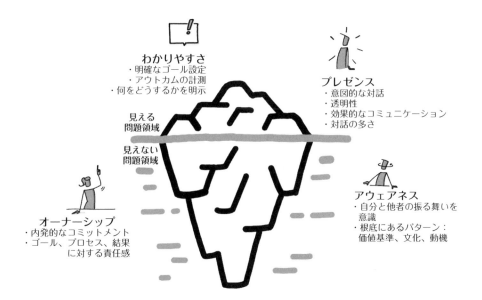

図4.3: リーダーが特定の側面に集中できるように支援することでチームは成長する

・**わかりやすさ**：

明確で計測可能なゴールを設定し、全員がゴールを十分に理解し、ゴールの達成にどのように貢献できるかを考え始めることを指します。

・**プレゼンス**：

見えない問題領域において、相手のニーズを考慮したコミュニケーションスタイルや振る舞いを意識的に選択できる能力のことです。または、見える問題領域において、望ましくない兆候に対処し、取り除く能力のことです。

見えない問題領域を計測することはより難しいですが、関連する2つの側面に焦点を当てるようにします。

・**オーナーシップ**：

チームがゴールを達成するために、個人的にコミットできる度合いを指します。「オーナーシップ」を感じている人とは、ゴールの達成に向けて少しでも前進するたびに、内発的なやりがいを体験しています。チームがより大きなオーナーシップを発揮することで、チームはより大きな信頼を「獲得」でき、多くの場合、自己管理においてより大きな主体性を持てるようになります。これらのチームに大きな裁量を与えることは、オーナーシップが発揮できていないチームに対して、望ましい振る舞いについての明確なメッセージを送ることにもなります。

・**アウェアネス**：

見えない問題領域における自分自身のモチベーションと他者のモチベーションを個人として認識している度合いを指します。見えない問題領域におけるその人の原動力に気づくことは、見える問題領域での人の原動力の顕在化に対して上手く対処するのに役立ちます。見えない原動力を明確にすることは、チームが自分たちのゴールを発見し、望ましくない相反する原動力に気づくのにも役立ちます。アウェアネスの度合いが高いと、チームが複雑な問題を解決する際の創造性を高めるのに役立つため、個人が多様な視点を尊重するのにも役に立つ傾向があります。アウェアネスの度合いが高いと、人の心理的安全性が高まる傾向もあります。

これらの側面は、Googleがチームの効果性に関する調査で見つけた要因とも

一致しています。

- 見える問題領域においては、チームはインパクト、構造、明確さを生み出します。
- 見えない問題領域においては、チームは心理的安全性、相互信頼、仕事の意味を持ちます。

小さなステップで手放していく

STORY

　隔週で開催されているリーダーシップ会議では、アジャイルセルにおけるそれぞれのチームの進捗が注目の的になっています。

　カールが話します。

カール「チームは確かにどこも忙しそうにしていますね。でもチームが順調かどうかをどうやって確認すればよいですか？　2週間サイクルで計画を立てても、チームが何をしているのか、何をするつもりなのか、チームが何の責任を担っているのか、私たちは十分に把握できません。彼らが間違った方向に進んでいる場合どうやって知ることができますか？」

　ナゲッシュは、誰かがカールの質問に答えようとするか見渡しますが、誰もいないようです。

ナゲッシュ「カールさん、よい質問ですね。私ならこう答えます。プロダクトリリース全体の詳細な計画が彼らにあったとして、私たちや彼らは、この計画が正しいことをどうやって知ることができるでしょうか？　彼らが計画に沿っていなかった場合、それは計画が間違っていたのでしょうか。それとも、チームが軌道から外れているのでしょうか？　つまり、私たちにはわからないのです。」

ナゲッシュ「私たちにできることは、次の成長のための戦術ゴールを見て、そのゴールを達成すると、中間ゴールや戦略的ゴールにどのように貢献できるかについてチームと話し合うことです。チームが戦術ゴールを達成できなかったら、今後のアプローチやゴールを調整する必要があるかどうかを話し合えますよね。」

　ドリーンが加わります。

ドリーン「チームが行っている取り組みは、複雑でわかっていることよりもわからないことのほうが多いのです。私たちは単に、長期的な計画を立てられるほど十分にわかっていないだけなのですよ。」

カールはこの返答に不満そうに話します。

カール「この計画性のなさは、単によくないマネジメント手法としか私には思えません。私たちは、まだ実績のないチームに大きな信頼を置いているわけです。このようなやり方は、いくつかの小さなチームでは上手くいくので問題にならないでしょうけど、組織の別部門にまで拡大するという考えには、私はとても抵抗があります。」

　チームが成長するためには、リーダーはチームが成長できる余地を与えなければなりません。チームが権限を得るには、リーダーが自らの権限を手放し、その権限をチームに与えなければならないのです。それによって、リーダーは組織の効果性や自分自身の影響力が増幅するのを目の当たりにし、別の種類の権限を得ることができるのです。権限を手放す決断をした時点で、リーダーは信頼を大きく増やすことになります。

　リーダーが信頼とエンパワーメントの尺度のどこに当てはまるのかは、かなり簡単にわかるものです。リーダーが何を管理しているのかを見ればよいのです（図 4.4）。

- **アクティビティ**：
　一連のアクティビティが実行されているかでチームを管理しているリーダーは、チームをほとんど信頼していません。従来の管理職と同様に、詳細なプロジェクト計画を用いてチームを追跡し、管理し、監視しています。アクティビティを管理することで、チームにはほとんど選択肢がなくなります。唯一の裁量は、管理されたアクティビティを構成している小さなタスクだけとなります。

- **アウトプット**：
　一連のアウトプットを出せているかでチームを管理しているリーダーは、チームが何らかのアウトプットを出している限りは、何をするかの選択をチームの裁量に任せるようにしています。アウトプットの例としては、プロダクトの機能、プロジェクトで約束した成果物、さまざまな情報レポートなどが挙げられます。チームには一連のアクティビティを管理されるよりも多少の裁量があることになりますが、それでもまだ「御用聞き」にすぎません。

- **アウトカム**：
  具体的には、顧客のアウトカムを指します。チームが一連のアウトカムを出せるように管理しているリーダーは、チームが何をし、どう取り組むかだけでなく、望ましい顧客のアウトカムを達成するために何を生み出すかも選択する裁量を与えます。これが行えるということは、リーダーとチームとの間に非常に高い信頼関係があることを示しています。
- **社会的なインパクト**：
  社会的なインパクトを重視するリーダーはまれです。このようなリーダーは、社会的大義やより広範な健全性と充実感のある取り組みを重視する組織で最もよく見られ、また組織にまたがる可能性もあります。社会的なインパクトを重視するリーダーは、関連組織の作業を直接的に制御することはほとんどありませんが、取り組みの成功には多大な影響力を持つことができます。

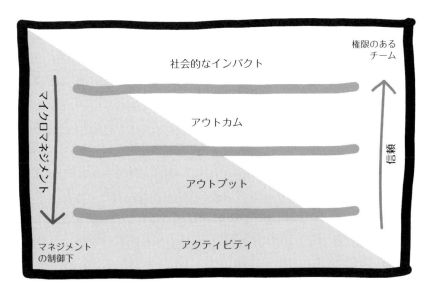

図 4.4: リーダーシップが注力すべきステージ[6]

---

[6] 権限のあるチームとアジャイルの成熟度については https://agileleadershipschool.com/#maturity-section を参照のこと。

エンパワーメント戦略

先ほどのエピソードでは、カールはチームに対してほとんど信頼を置いていません。彼は何をすべきかを指示する計画がチームにない限りは、チームが何をしているのかわからないと考えています。カールの好んでいるマネジメント手法とは、チームの活動を監視し、チームが計画どおりに実行していることを確認するものなのです。

これは、信頼の低さを示しており、チームをマイクロマネジメントしたいという願望が反映されています。

もちろん、リーダーはチームが高いパフォーマンスを発揮することを無条件に信頼しないほうがよいです。チームは、自分たちが信頼に値することを証明し、その信頼を伴って自発的に仕事をする力があるのだと証明する必要があります。リーダーとチームは、チームが実証する能力に基づいて、適切なレベルの信頼と権限の委譲について交渉すべきです。この交渉の結果は、たいていは信頼レベルの低いものから高いものまで、次のようなデリゲーション戦略として、このいずれかが採用されます。

デリゲーションの 7 つのレベル[7]

1. **伝える** ：リーダーは、チームに何をすべきかを指示する
2. **説得する**：リーダーは、決めたことでチームを説得する
3. **相談する**：リーダーはチームの意見を参考にして、決定する
4. **同意する**：リーダーとチームは協力して決定する
5. **助言する**：リーダーは意見を伝えるが、チームが決定する
6. **尋ねる** ：リーダーはチームに決定させ、事後に報告を受ける
7. **任せる** ：チームは完全に自発的に決定する

チームが発揮できる能力と、下すべき判断の種類によって、これらの戦略のいずれかが適切となります。また、チームに許される裁量の度合いは、通常、判断の潜在的な影響によって決まってきます。例えば、どのチームでも昼食をどこで食べるかといった小さなことを決める裁量は全面的に持っています。しかし、プ

---

[7] Management 3.0 のデリゲーションレベルからの引用。詳細は、https://management30.com/ empower-teams/delegation-empowerment/を参照のこと。

ロダクト戦略全体を決める裁量を持つチームは、限られているものです。

リーダーは、チームの成熟度と判断の潜在的な結果に基づいて、どのレベルのデリゲーションが適切か決定しなければなりません。チームがどの程度まで自発的であるかについて、チームと透明性のある話し合いをすることは、チームの判断力の向上に役立ちます。チームの自発性を高めようとするリーダーは、チームに小さな決定を行わせ、その結果を見て、それに基づいて改善するように支援します。チームが小さな決定で判断をできるようになれば、リーダーは、より影響力のある決定を下せるようにして、チームの自発性を徐々に広げていくことができます。

> チームの成熟度に基づき、適切なデリゲーションレベルをリーダーは判断すべきだ

意思決定の遅れがチームの自己管理を妨げる

重要なのは、誰が意思決定をするかだけでなく、どれだけ速く意思決定をするかです。人、資源、決定を待つことは、常に無駄を生み出します。チームが待たなければならないときは、別のことに取り組むことになりますが、それには価値がないかもしれないのです。単に無駄を生み出すだけで、取り除いたり、修正したりするために余計な作業が必要になることもあります。アジャイルの仕組みでは、待つことは常によくないことなのです。これには根拠があり、Standish Group の Jim Johnson は、Chaos Report 2018 において、決定を待っていること（このレポートでは、「決定の遅延[*8]」と呼んでいます）は、ソフトウェアプロジェクトの失敗において重大な要因であると報告しているのです[*9]。

著者たち自身のコンサルティングでの経験が役に立つため、ここで紹介します。ある電気通信会社のプロダクト開発チームでは、新しい機能を顧客に提供するスピードを改善したいと考えていました。彼らは、ソフトウェアの自動ビルドと自動テストの機能を実装することで、提供スピードを短縮できると考えていました。

[*8]（訳者注）decision latency

[*9] 決定の遅延の要因と影響についての詳細は、http://www.standishgroup.com/sample_research_files/BBB2017-Final-2.pdf を参照のこと。

76　第 4 章 手放すことを学ぶ

　彼らと協力して、提供プロセスの**バリューストリームマップ**を作成したところ、決定の遅延という別の問題が見つかりました。このチームは、サイクルタイム [*10] の 70% 近くが、組織の別の部門が決定するまで待っている時間だったのです。ビルドとテストのプロセスを 100% 自動化したとしても、サイクルタイムの 10% 未満しか短縮できなかったのです。

　このことは、ビルドとテストのプロセスを自動化することに価値がないということではありません。特に、人為的ミスによって発生する手戻り作業を取り除く場合は、自動化にはとても価値があります。しかし、それはこのチームのサイクルタイムの最大の要因ではなく、ほとんどの組織でも同じことが言えるのです。ほとんどの組織では、コミュニケーションの遅延、中断、マルチタスク、決定の遅延のほうがはるかに大きな無駄の要因となっているのです。

自らがボトルネックと気づいたときに、その場から立ち去る

　意思決定の権限を手放し、それを別の誰かやチームに委譲するという決断には、最初は不安を覚えるかもしれません。意思決定の権限が地位を示す組織では、その権限を手放すことは辞任に等しいと思えるかもしれません。リーダーが権限を別の誰かに委譲した時点では、その行動から個人的な利益を得られる保証はないでしょう。権限を手放すという決定は、適切なことであり、それによってよいことがもたらされると信じることを意味しています。

　実際には、この決断はアジャイルリーダーのキャリアにおける転換点を表しています。この決断は、リーダーが正式な権限への依存を放棄し、間接的な影響力に移行しつつあることを示しているからです。この 2 つのうち、間接的な影響力は、その影響範囲が正式な権限の境界をはるかに超えて広がるため、より強力なリーダーシップの形態になることを意味しています。規範とインスピレーションによって他者に影響を与える能力を身につけることで、リーダーは、指揮命令者が経験することができないような強力な原動力を利用できるようになるのです。最高レベルのパフォーマンスを発揮するチームとは、誰かに命令されたから

[*10]　顧客サイクルタイムとは、「リリースに着手してから実際にリリースされるまでの時間」と定義されている。この指標は、組織が顧客に到達する能力を示すのに役立つ。詳しくは https://www.scrum.org/resources/evidence-based-management-guide を参照のこと。

ではなく、そうすることで尊敬する人たちの敬意と称賛を得られるからこそ、パフォーマンスを発揮するようになっていくものなのです。

しかし、このやり方を学び始めたばかりのリーダーにとっては、最初の一歩であるため、しばらくはぎこちなく感じるかもしれません。具体的な規則や一定の成果を伴う明確な道筋がないことは途方もなく感じるものです。また、チームと新しいリーダーの両者が意思決定のための対話に慣れていない場合、最初のうちは両者ともに誤った方向に進みがちです。このようなときに、以前のやり方に戻したくなるのは自然なことですが、よりよい解決策というのは、リーダーにとっても、チームにとっても、その失敗から学び、適応していくことなのです。意思決定の種類に応じた小さな段階を踏み、適切なデリゲーションのレベルを用いることで、手放すことが容易になります。それによって、リーダーもチームも新しい関係性の中で成長できます。

従来の管理職というのは、ものごとがどうあるべきかを実際以上に熟知していると思い込んでいるのが現実です。チームを信頼するようになると、顧客と仕事の両方の近くにいるチームこそがどう取り組むべきかをよりよく決定できることがわかるようになります。管理職が「自分がすべての答えを持っているべきだ」という思いを手放し、チームがよりよい答えを見つけられるように導くことを受け入れることで、管理職は自身の管理職としての影響力と効果性が増していくことを実感します。また、ゴールを達成するためのよりよい方法を探すことに固執するのではなく、よりよいゴールを探すことに注力できるようになります。

チーム間の依存関係が引き起こす決定の遅延

決定が遅くなるのは、あるチームが別のチームの作業を待っていたり、そのチームが必要とするスキルを自分たちで持ち合わせておらず外部のエキスパートを待っていたりすることが原因であることもあります。別のチームを待つということは、多くのチームにとって必要なスキルセットを持った人材がひとつのチーム（データベース管理チームやセキュリティチームなど）に集まっており、スキルがサイロ化してしまっていることが原因である場合があります。

この問題には、いくつかの解決策があります。

78 第 4 章 手放すことを学ぶ

- チームの職能横断性を向上させ、チームが必要なスキルを身につけられるようにする
- チームが自己解決できるように、解決策を自動化する
- サイロ化したチームを解体し、それぞれのチームに配置する
- サイロ化したチーム構造は維持するが、不足がちなスキルの人員を増加し、どのチームも待たせることなく支援できるようにする
- フローを最適化するチームの相互作用に重点を置き、再構築するためのよりハイブリッドなアプローチを用いる[11]

通常、組織は、これらすべてのアプローチを組み合わせることで、決定や資源の遅延問題を軽減します。

決定の遅延は、それぞれのチームが一連のコンポーネントに責任を持つサイロ化されたプロダクトのアーキテクチャによっても起きる可能性があります。これらのコンポーネントを用いる新しいプロダクトまたはサービスを開発するチームは、多くの場合、多くの異なるコンポーネントを変更する必要があります。組織とプロダクトのアーキテクチャがサイロ化されていると、そのチームは、他の多くのチームの作業が完了するのを待たなければならなくなります。

この問題の解決策は、サイロをなくし、**他のチームのコンポーネントを壊さない限り**は、どのチームでもコンポーネントを変更できるようにすることです。これが重要になります。他のチームのコンポーネントを壊してしまうかは、自動テストによって検出や防止をすることができます。これにより、チームがコンポーネントを変更しようとするたびに、合意済みの振る舞いやパフォーマンス（あるいは、セキュリティ、信頼性、ユーザビリティなど）からの逸脱を検出できるようになります。テストが失敗した場合は、変更は却下され、他のチームに影響を与えることはなくなります。実際、このアプローチは、あるチームにコンポーネントの責任を持たせ、そのチームが害のある変更を検知することに期待するより、はるかに信頼できます。

---

[11] 詳しくは、Matthew Skelton と Manuel Pais による『チームトポロジー──価値あるソフトウェアをすばやく届ける適応型組織設計』（マシュー・スケルトン 著、マニュエル・パイス 著、原田騎郎 訳、永瀬美穂 訳、吉羽龍太郎 訳、日本能率協会マネジメントセンター、2021 年）における「コンプリケイテッド・サブシステムチーム」を参照のこと（https://teamtopologies.com/）。この概念を総じて「トラベラー」と呼ぶことがある。

チーム自らが引き起こす決定の遅延

アジャイルチームであっても、タイムリーな意思決定が上手くできないことはあります。例えば、技術的負債への対応を先送りし続けたり、チームのレトロスペクティブで特定した問題を無視し続けたりすることが挙げられます。チームが「やっかい者」と見られることを恐れて、ステークホルダーに問題提起をしないこともあるかもしれません。あるいは、これまでに顧客に提供してきたものに価値があるのかがわからないまま、新しい機能を開発し続けることもあるかもしれません。

アジャイルチームは、集団的な優柔不断を経験することもあります。チームは、すべてについて合意を得る必要があり、これを全員一致による合意がなければ決定できないと感じることがあるかもしれません。合意することは素晴らしいことですが、チームの全員が常に同じようにものごとを見ているわけではありません。チームは、チームメンバーの何人かが同意しない場合であっても前進できるようなワーキングアグリーメントを策定する必要があります。これは通常、決定をテストするための手段（例えば、実験を行うことによって）と、それらの手段が行動方針の調整の指針となることに合意しなければならないことを意味しています。

リーダーは、チームがよりよい意思決定を迅速に行えるよう支援することもできます。リーダーは、**意思決定が先延ばしになっている兆候を見逃さず、チーム**が意思決定を進める手助けをする必要があります。そのためには、リーダーの意思決定をチームが引き継ぐのではなく、チームが自らよりよい意思決定を行えるようにリーダーがコーチングをする必要があるのです。これを行うには、意思決定することに慣れていて、明確な意思決定ができるリーダーにとっては課題となります。しかし、リーダーがチームの意思決定を阻害してしまうと、チームが自ら意思決定を行う能力を身につける機会を逸することとなります。

ここまでのふりかえり

誰もがアジリティを好むわけではありません。さらに重要なことは、自己管理チームとは、既存の階層構造から恩恵を受けている部門にとっては脅威となると

第 4 章 手放すことを学ぶ

　いうことです。なぜなら、最終的には、組織の従来の範囲が縮小され、重要性も減っていくからです。既存の仕組みから恩恵を受けている人たちは、単純ではないため、自分たちの担当範囲や地位が縮小されることに対して抵抗せずに受け入れるつもりはないでしょう。

　アジャイルリーダーは、自己管理するアジャイルチームを、既存の組織が引き起こす可能性がある損害から守る上で重要な役割を果たします。アジャイルリーダーは、自己管理チームを育てると同時に、自己管理チームが成長するために必要なスキルや資源が不足しないように既存の組織を維持しつつ、チームが責任を負う準備ができた段階で責任を委譲することで、徐々にチームの権限を増やしていく必要があります。

チームとリーダーの両者にとって最も大きな変化とは、ゴールを達成するためにチームが行う実験がすべてよい結果を生むわけではないという事実を受け入れることなのです。期待に反する結果を罰するような従来の組織では、アジリティは失われてしまいます。このような適さない文化からアジャイルチームを守ることは、チームが新しいことに挑戦し、実験から学べる環境を作るために不可欠なのです。

第5章
予想どおりの存亡の危機

　従来の組織は、昇進、報酬、表彰など、さまざまな仕組みによって個人の業績を評価してきました。こうした評価は、受け取った人の心に一時的な達成感をもたらします。人によっては、自分自身をどのように捉えるかに大きな影響を与えます。しかし、結局のところ、この種の評価は永続的な動機づけにはならず[1]、プロフェッショナルとしての自尊心の誤った基盤になるのです。

　アジャイル組織でもさまざまな評価をしますが、個人のパフォーマンスよりもチームのパフォーマンスを評価することに重点を置く傾向があります。チームに所属する個人としては、チームメンバーとして参加することで帰属意識と自己肯定感の向上を実感することになります。組織の目的への個人的貢献を通して自分自身を際立たせることもできますが、個人の結果が成果の評価にならず、チーム全体のパフォーマンスにどう貢献したかが成果の評価に関連してくるのです。

　誰もがこの評価方法を好むわけではありません。他者よりも卓越しているという意識によって動機づけられるような優れた個人にとっては、自身を際立たせる機会が少なくなったと感じるかもしれません。彼らの競争的な振る舞いは、効果的なチームへの貢献者としての能力を妨げることにもなります。

　キャリア育成、スキル習得、昇進に関するある種の決定を下す権限を弱めることで、自己管理チームは、組織内で特定の職能を担当する従来の管理職に難題を突きつけることにもなります。従来の管理職は、かつて管理職が担ってきた責任

---

[1] 詳細は、Daniel Pink のモチベーションについてのインサイトを参照のこと。
『モチベーション3.0──持続する「やる気！」をいかに引き出すか』（ダニエル・ピンク 著、大前研一 訳、講談社、2015年）
https://www.youtube.com/watch?v=y1SDV8nxypE

の大部分を自己管理チームに委譲する必要があるとわかると、少なくとも現在与えられている自分たちの職務が危険にさらされていることを実感します。

アジャイルリーダーには、2つの課題があります。

（1）自己管理チームの成長と発展を促すこと
（2）以前の組織で上手くいっていた人たちが新しい貢献の仕方を見つけるための手助けをすること、それができない場合は、できるだけ親身になり混乱しない方法で組織から去ってもらうこと

どのような組織変革においても、勝者と敗者が出てきます。上手くいくためには、アジャイルリーダーが新しいアプローチを以前の仕組みから守りながらも機能することを実証しなければなりません。以前の仕組みは多くの点で失敗しているかもしれませんが、時代遅れになってしまう脅威にさらされたときに抵抗する強さがまだ十分にあります。

以前の仕組みを脅かす新しいやり方

> STORY
>
> 　ある朝、エンジニアリング部門の責任者のニックは、ドリーンがオフィスに来るのを待っています。
> 　**ニック**「**アジャイルの実験によって、私たちの優秀な開発者がまたひとり犠牲**になったことを伝えにきました。」
> 　ドリーンは、ニックの口調に苛立ちと敵意を感じます。
> 　**ドリーン**「どういう意味でしょうか？　誰が辞めるのですか？」
> 　ニックが続けます。
> 　**ニック**「ヘルムートさんです。彼はスタートアップ企業の最高技術責任者になるために辞めます。」
> 　ドリーンは、返答します。
> 　**ドリーン**「それは残念です。でもそれとアジャイルの取り組みとはどんな関係があるのですか？」
> 　**ニック**「ヘルムートさんは、ここでのキャリアの先がないと言っていました。ボーナスが出るかどうかも心配だとも言っていました。技術的な決定の大半をチームで行う中で、コーチの役目を担うことは望んでいないそうです。彼は大き

84 第 5 章 予想どおりの存亡の危機

なプロジェクトを指揮して、重要な意思決定をしたいのだと言っていました。ヘルムートさんはこの会社がどこに向かっているのかが見えているし、今後自分がここで運転席に座ることはないのだなと思っています。」

ドリーンは、ニックが言っていることを理解するのに時間がかかります。

ドリーン「より複雑な技術的作業ができる人やチームが増えることはよくないことだと思いますか？　知識が組織全体に広く行き渡ることはよいことだと思うのですが。」

ニック「そうですが、優秀な人材を失うわけにはいきませんよね。」

ドリーン「私たちはもっと素晴らしい人材を育てたいと思っています。ヘルムートさんが競争を脅威と感じているとしたら、彼は彼自身が思っているほど素晴らしくはないのかもしれませんね。私たちはリーダーを必要としています。でもそれは、非公式なリーダーであったとしても、自分の利益のためだけに知識を蓄積するのではなく、他者をコーチングし、彼らの成長を助ける方法を探すようなリーダーです。」

ニック「でも……。」

ドリーン「ニックさん、あなたの言いたいことはわかりますよ。でも、あなたが言っていることは、ヘルムートさんは自分の成功にしか興味がなく、みんながより大きな成功を収められるよう助けることには興味がなかったということですよね。そうであれば、彼が前に進むと決めたことは、私たちにとって幸運なことなのかもしれませんね。」

しかし、反対意見はニックだけではありません。その週の後半に、ドリーンは、人事部門の責任者のマリエルとの会議後に追い詰められます。

マリエル「ドリーンさん、ちょっといいですか？」

ドリーンはうなずいて耳を傾けます。

マリエル「アジャイルチームについて、CoE[*2] の何人かのリーダーたちから聞いた懸念を取り上げたいのです。彼らは、スキル開発を支援することには賛成なのですが、キャリア育成については、私たちが複雑なメッセージを送っていると感じ始めていますよ。」

ドリーン「どういうことですか？」

マリエル「そうですね。アジャイルチームのメンバーには、チームとして協力して、ゴール達成のために必要なスキルを身につけるように伝えていますよね。でも、私たちのキャリアパスはというと、CoE を中心に整備しています。開発、品質、インフラ、ビジネス分野といったようにです。アジャイルチームのメン

[*2]（訳者注）Center of Excellence の略。組織にいる卓越した人材やノウハウを 1 ヶ所に集約した部署などを指す。

バーの中には、このようなキャリアパスが意味をなさないのではないかと疑問を持っている人もいます。彼らは、チームを支援するために必要なことを学ぶほうが重要だと感じています。そうすると、私たちが定義したキャリアパスにしたがっていない人のキャリア育成をどうやって支援すればよいのでしょうか？」

ドリーンはしばらく考えます。

ドリーン「私たちのキャリアパスを考え直す必要があるのかもしれませんね。もしかしたら、CoE についても。チームメンバーの幅広いスキルを奨励したいと思っていますが、チームメンバーの成長のためには技術的な深さも必要であることも理解していますよ。これから考えてみましょう。私たちは、チームに柔軟性を求めていますが、CoE のアプローチが硬直化しているのかもしれませんね。」

マリエルはイライラしているようです。

マリエル「私たちは何年もかけてキャリアパスを策定して、社員はそれに沿って多くの時間を費やしてきたのですよ。その時間が無駄だったと社員に伝えるつもりですか？　それに、CoE のリーダーにはなんと伝えればよいでしょうか？彼らは、このモデルにキャリアを賭けているのですよ。なかには、私たちが本当に技術的な卓越性に対してコミットしているのかを疑問視する人も出始めていますよ。」

ドリーンは答えます。

ドリーン「おっと！　ちょっと混乱しています。でも、そうですね。私たちは技術面でも、それ以外の面でも卓越性にコミットしています。その卓越性をもたらすために、いくつかの別の方法も試しています。必要なスキルを身につけるために自己管理をチームに推奨することで、すでに多くの恩恵を得ています。それを止めろとは言いませんよ。実際、上手くいくためには何でも学ぼうとする彼らの熱意とコミットメントを、私は評価していますよ。」

マリエルは反論します。

マリエル「CoE を設立したときに望んだことのひとつは、組織全体でスキルを標準化することでしたよね。あるチームから別のチームへ容易に異動できるようにするために、そうする必要があると考えたのです。今、私たちはそれを元に戻そうとしているみたいです。私たちは、今のやり方から脱却するという正式な決定を下したわけではないですよね。」

ドリーンは、再び返答します。

ドリーン「まだ正式な決定はしていません。でも、チーム間で人を異動させることができるというゴールは、本当によいものだったのでしょうか。チームが団結し、高いレベルの信頼とパフォーマンスに達するには長い時間がかかることを

86 第 5 章 予想どおりの存亡の危機

学びました。それに、チームが自己組織化することで、モチベーションが向上することもわかりました。あと、チームを混乱させたくなかったので、チーム間の異動はそんなにした覚えはありません。チーム間のスキルのバランスを改善する方法は、CoE の『サイロ』モデル以外にもあるでしょう。」

マリエルは、まだイライラしています。

マリエル「私たちは、ここで何をしているのだろうと思い始めてきました。キャリアパスの標準化、スキルの標準化、職務内容の標準化など、私たちが何年も取り組んできたことに反するものばかりですよね。まさに、無秩序です。」

ドリーンは、返答します。

ドリーン「違ったアプローチですよね。でも、新しいチームから見られるようなエネルギーとエンゲージメントは見たことがありません。私は、もっとそれを見たいのです。また、キャリアパスについての私たちの考えには課題がありますね。違ったアプローチを取る必要があるかもしれませんね。来週、時間をとって社員育成へのアプローチを改善するために行った実験からどのように学ぶかについて話し合いましょう。」

マリエルは、この提案を受け入れます。そして、何かを準備すると言います。ドリーンは内心、疲れ果て、少し打ちのめされた気分になります。ドリーンは、アジャイルチームを作ることは難しいとわかっていましたが、自分の組織とこれほどまでにぶつかるとは思っていませんでした。組織が来たるべき変化に対して本当に準備ができるのか疑問に思い始めています。もし準備ができていないのだとしたら、ドリーンはどうするのでしょうか。

　誰も自分がよくない働きをしていると思いたくはありません。機能不全に陥っている従来の組織では、自分たちは適切なことをしている、と思っている人がたくさんいるのです。少なくとも、かなりの制約の下でできる限りのことをしていると思っているものです。多くの場合、現状維持に責任を持つ人たちにとっては、現在の仕組みの限界を強く認識していますが、仕組みは徐々に改善できると考えています。

　従来の組織の人たちは、急進的な変化に直面したときに、それが自分たちや自分たちが行ってきたことに関係していない新たな変化であると判断したら、その変化に恐れを感じるものです。彼らの恐れは、さまざまな形で現れます。通常は新しいアプローチの有効性を疑問視する形で現れます。それを疑問視できない場合は、新しいアプローチによって組織がこれまでに評価してきた重要なことが台

無しになると訴える形で現れます。

　自己管理チームを中心とした経験的アプローチに移行するには、組織の「オペレーティングシステム」をアップグレードすることが求められます。これによってもたらされる変化は、予測できる形で、組織を脅かしていきます。

- 他者に権限を委譲することで報われるように制度を変更することで、意思決定のための正式な権限が管理職から取り除かれ、チームに移されます。その結果、かつての意思決定者は地位を失うことになります。
- キャリアパスを個人のスキルポートフォリオに置き換えることで、キャリアパスと昇進の議論における見せかけの確実性が明らかになります。これにより、複雑な状況でのキャリアにおける不確実性は、透明性に置き換えることができます。
- 見せかけの確実性を真の透明性に置き換えることで、計画や予測可能性に確実性がないことが明らかになり、これらは、実験と適応による経験的なゴールの追求に置き換わります。それにより、本来は予測不可能な状況に対して予測可能性を強制しようとする従来のマネジメント手法が、意図的に甘いと見えるようになります。
- ボトムアップによるインテリジェンスへの信頼を学ぶことで、「大きな」意思決定を行い、すべての活動の中心にいるという管理職のこれまで果たしてきた役割が変わることになります。アジャイルリーダーは権限のある自己管理チームが活躍できる状況を作り出す上で重要な役割を果たすことになります。しかし、チームの準備ができたら、アジャイルリーダーは一歩下がり、チームの潜在能力を最大限に発揮できるように努めます。

　つまり、アジリティを受け入れるということは、組織の人たちが自分たち自身に言い聞かせている、組織のサクセスストーリーの多くを見つめ直すことなのです。このサクセスストーリーとは、主導権を握り、重要な意思決定を行い、競争的な環境で組織を勝利に導く卓越したヒーローにすべてがかかっているというようなものです。このストーリーに聞き覚えがあるとしたら、それは神話、伝説、昔話のテーマなのです。

　しかし、そのような古い神話が真実ではないとしたらどうでしょうか。成功がヒーローや個人の卓越性に依存するものではなく、ヒーロー的なチームワークと

コラボレーションに依存するものだったとしたらどうでしょうか。組織がアジリティを受け入れるためには、独自のストーリーを創造し、過去の決まり文句を否定する必要が出てきます。組織がこのようなことを行うにはどうすればよいのかを知るために、先に述べたそれぞれの変化を見ていくことにしましょう。

他者に権限を委譲することで報われる制度への変更

　従来の組織では、さまざまな方法で組織の人たちの貢献に対して報いてきました。基本報酬、ボーナス、より高い地位への昇進、地位を向上させるさまざまな公式な評価、さらに、何らかの方法で楽しいと思うことや豊かになると思える仕事をするといった内発的な報酬などです。金銭的な報酬も重要ですが、地位や内発的に楽しい仕事をすることは、より強力な動機づけとなる傾向があります。何が動機づけになるかは人によって異なる傾向もあるでしょう。

　管理職やリーダーシップの役割を望む人にとっては、最終的に地位が主要な動機となる傾向があります。お金も重要ですが、組織や社会で地位が上がるにつれて、報酬でさえも地位の目印となるのです。

　自己管理チームが成長するためには、誰かが彼らに意思決定権を与えなければなりません。地位が動機づけとなっている管理職にとっては、意思決定権を放棄することは権力の委譲により、地位を失うことだと感じるかもしれません。そうだとすると、管理職は意思決定権を強く握り続け、チームの自己管理する能力の成長を妨げてしまうかもしれないのです。

　新しいリーダーが外部から組織に加わるときや、引退した元スターアスリートがコーチに転身するときなど、リーダーが外部から課される転換期を経験するときに、権限を手放すことはよくあります。このような場合、リーダーには確立された役割や振る舞いのパターンがないため、新しい方法で働くことを選択することができます。

> 権限を手放すことは、リーダーが外部から課される転換期を経験すると
> きによくあることだ

　このような転換期において、リーダーは自分たちの成功が自分の部下たちの成功にかかっていることを認識しているかもしれません。また、部下のほうが自分

以前の仕組みを脅かす新しいやり方　89

たちのリーダーよりも実際の仕事に近い存在であることも認識しているかもしれません。マンチェスター・ユナイテッドの伝説的な監督である Alex Ferguson の言葉を借りると「私自身がリーダーシップスキルを磨いて、フィールド上でユナイテッドが成功するようにあらゆる側面で関与しようとしたが、試合当日のキックオフ後は、ものごとは私のコントロールの及ばないところに移っていた[*3]」ということなのです。

　このような状況でリーダーが気づくことは、人は他者に権限を与えることで実際に尊敬と地位を得ることができるということです。大人が子どもに仕事を手伝ってほしいと頼んだとき、子どもがより大きな自己肯定感と目的意識を得た場合を考えてみることにしましょう。大人が、子どもへの信頼と期待を示すことで、子どもから大人はより大きな尊敬と賞賛を得ることができるのです。誰もがあるレベルまではまだ子どもであり、権力者から信頼を示されると、その信頼が正当なものだと証明するために全力を尽くします。賢明なリーダーは、この心理を上手く利用し、自分の地位を手放すように見せかけながら、実際には地位を高めているのです。

　リーダーには、公の場での評価や賞賛、昇進やその他の外的報酬を通じて、組織における地位を承認する仕組みを変える機会がいくらでもあります。人とは、社会的な生き物であり、何に価値があり、何に価値がないのかをリーダーが発する微妙な合図から読み取るくらいに、非常に敏感なのです。文化を変えるために、アジャイルリーダーは、組織内の地位を左右する報酬と承認の仕組みを変えることから変革を始めなければなりません。また、時間をかけてともに変化を強化していく一貫性がなければなりません。

　リーダーがこのような変化を起こすための最も効果的な方法とは、よい規範を示すこと、つまり、他者に相応しい評価を喜んで与えることで、望ましい振る舞いを広めていくことなのです。

STORY

　ニックとマリエルとの会話をきっかけに、ドリーンはふたりがなぜそのような行動をとるのかを理解しました。そして、どのような価値観や信念がふたりの振る舞いを引き起こしているのかを突き止めたいと思うようになりました。ナゲッ

[*3] より詳しい見解は https://roneringa.com/leadership-lessons-sports-teams/を参照のこと。

シュが氷山モデルを示して以来、ドリーンはマネジメントチームの振る舞いのパターンを理解し、見えない問題領域を深く掘り下げるためにナゲッシュに助けを求めます。

ナゲッシュは自身の経験をふりかえって話し始めます。

ナゲッシュ「エナジー・ブリッジ社を創業して間もないころに、私たちは同じような課題を抱えていました。私たちの会社はベテランの投資家2人によって設立されたのですが、彼らはすべてをあり得ない状況との個人的な戦いと捉えていました。最初は彼らと仕事をするのが楽しかったのですが、会社が成長するにつれて、彼らが対処しなければならない中断や緊急事態が増えて捌くことができなくなり、チームが機能しなくなりました。これからお見せすることを理解する前に、私たちの会社は多くの優秀な人材を失いました。」

ナゲッシュはホワイトボードに向かって、**図5.1**の絵を描き始めます。

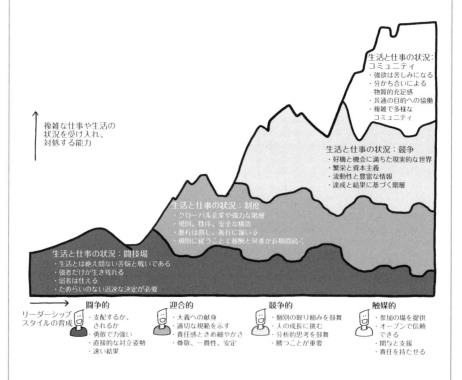

闘争的リーダーシップスタイル	
・支配するか、されるか ・勇敢で力強い ・直接的な対立姿勢 ・速い結果	生活と仕事の状況：闘技場 ・生活とは絶え間ない苦悩と戦いである ・強者だけが生き残れる ・弱者は仕える ・ためらいのない迅速な決定が必要
迎合的リーダーシップスタイル	
・大義への献身 ・適切な規範を示す ・責任感ときめ細やかさ ・尊敬、一貫性、安定	生活と仕事の状況：制度 ・グローバル企業や強力な階層 ・規則、秩序、安全な構造 ・悪行は罰し、善行に報いる ・規則に従うことで報酬と昇進が長期間続く
競争的リーダーシップスタイル	
・個別の取り組みを鼓舞 ・人の成長に挑む ・分析的思考を鼓舞 ・勝つことが重要	生活と仕事の状況：競争 ・好機と機会に満ちた現実的な世界 ・繁栄と資本主義 ・流動性と豊富な情報 ・達成と結果に基づく階層
触媒的リーダーシップスタイル	
・参加の場を提供 ・オープンで信頼できる ・関与と支援 ・責任を持たせる	生活と仕事の状況：コミュニティ ・強欲は苦しみになる ・分かち合いによる物質的充足感 ・共通の目的への協働 ・複雑で多様なコミュニティ

図 5.1：リーダーシップのスタイルが異なれば、複雑さに対処する能力も異なる

　ナゲッシュが説明します。

　ナゲッシュ「このモデルは、環境の複雑さに対処するために、私たちがどのようにリーダーシップのスタイルを適応させているのかを反映したものです。組織でよく見られる典型的なリーダーシップスタイルとは、闘争的スタイル、迎合的スタイル、競争的スタイルです。リライアブル・エナジー社で採用している評価制度を見てみると、多くの類似点が見つかります。」

　ナゲッシュは続けます。

　ナゲッシュ「エナジー・ブリッジ社で苦労して学んだことは、これら３つのリーダーシップスタイルが、私たちの経験している市場環境での課題解決に、もはや適していないことだったのです。私たちがアジャイルなやり方で取り組もうとしているのは、組織の人たちの集合知を活用できるような文化を作って、よりスマートな決定をより速く行えるようにすることです。そのためには、組織の人たちやチームがより多くの意思決定をできるように促すリーダーシップのスタイ

ルが必要です。私たちはこれを『触媒的リーダー』と呼んでいます。」

　ナゲッシュ「この複雑なデジタル時代の新たな進歩と課題は、本質的に多くの分野でチームの集合知を活用できる組織を作るために求められるいくつもの課題を生み出しています。真のアジャイルな企業文化を発展させる唯一の方法は、チームのオーナーシップ、集合知、ゴールや価値に基づく意思決定をより加速させるようなリーダーシップスタイルに徐々に移行していくことなのです。」

　このナゲッシュとの対話は、ドリーンにとってこれまでで最も貴重なひとときでした。ドリーンは、なぜ人がそのような振る舞いをするのか、それが他者にどのような影響を与えるのかが、ようやく明らかになったと感じています。

　ナゲッシュは語ります。

　ナゲッシュ「エナジー・ブリッジ社のリーダーたちは、組織の人たちがどのような文化的な課題や個人の規範や価値観を用いているかが明らかになった瞬間に大きな一歩を踏み出したのです。そしてリーダーの振る舞いの多くは、私たちがどのように組織の人たちを讃えているかに関係していることもわかりました。」

　これらのインサイトに基づき、ナゲッシュとドリーンはオープンな会話の中で、このモデルをマネジメントチームのメンバー間で共有することに決めました。

　リーダーシップスタイルの強化策と評価の変化に対する反応は、複雑さの増加にどう対応するかによりますが、それは人によって違いが出るでしょう。図5.1のモデルが示すように、仕組みを現状のまま維持することで恩恵を受けている人には、さまざまな種類の人たちがいます。

　触媒的リーダーシップスタイルへの道のりは険しく、妨害に満ち溢れています。現在のリーダーシップスタイルが触媒的リーダーシップスタイルから遠ければ遠いほど、その道のりはより険しく、長くなるものです。

・権限を得ようとしたり保持したりするために闘争的リーダーシップスタイルを用いるリーダーは、まずは、安心と安全を提供するための規則の仕組みを通じて権限を共有することがどのようなものかを経験すべきです。触媒的スタイルにすぐに移行するのは持続可能ではありません。なぜならば、その間にある2つの価値体系をどう扱うべきかを感じて、理解する機会が必要となるからです。

・迎合的スタイルのリーダーは、まずは、規則と機会のある仕組みの中で、どのように個人のニーズを満たすかを経験すべきです。なぜなら、個人主義は

よく制度上の規則を破るものとみなされるのが普通だからです。
・健全で競争的な文化の中でのみ、（先述のデリゲーションレベルを用いることで）徐々にチームに権限を移していくリーダーシップスタイルの実験を始めることができます。

闘争的リーダーシップスタイル

闘争的リーダーシップスタイルのリーダーは、強い個性を持つ人たちで、常に弱い立場の人たちがよりよいことを達成するのを阻む力と闘い続けています。圧倒的に不利な状況にもかかわらず、ほぼ独力で会社、プロダクト、プロジェクトをほぼ確実な破滅から救ってきたリーダーたちなのです。組織は常に生き残りをかけた戦いの中にあり、自分たちの強力で断固とした、さらには闘争的リーダーシップスタイルだけが、確実な災難を食いとめているのだと主張しています。

闘争的リーダーの問題とは、リーダー自身が物語の主人公であり、すべてがリーダーを中心にして回っているところです。このスタイルのリーダーは、自分たちが上手くいくことに集中しています。それゆえに、他の組織も上手くいったとしても、それは単に成り行きによるものとみなします。闘争的リーダーに頼っている組織は、複雑さに対処するために必要なスキルを日常的に身につけることがないため、次から次へと危機が迫り、いつまでもリーダーの助けが必要となります。闘争的な振る舞いに依存することで、組織は絶えず危機の中に閉じ込められることになります。危機は、実際にはリーダー自身が生み出してしまうことすらあるのです。

迎合的リーダーシップスタイル

比較的競争の少ない環境で成熟している組織では、**迎合的**モデルのリーダーシップが見受けられることがよくあります。このモデルでは、リーダーが長期的に安定した階層組織を統括し、現状維持に報酬を与え、保護します。このようなリーダーの主な役割は、現状のまま十分に機能している仕組みが変化によって混乱するのを防ぐことです。安定性と信頼性が求められる組織では、迎合的リーダーシップがよくみられます。例えば、銀行、保険会社、法律事務所、会計事務所、公共事業、政府機関などです。あるいは、競争のない市場に長く存在し、一族や同族グループが経営する非上場企業の場合もあります。

迎合的リーダーは、変化を最小限に抑えようとするため、変化に反応する組織の能力を低下させてしまいます。どんな振る舞いを受け入れるか、受け入れないかといった彼らの単純な世界観では、容認された原則に疑問を投げかけることを許しません。その結果、変化を創造する力として活用するのではなく、変化に抵抗することに労力を費やすことになります。リーダー自身が、「支配階級」の権利と特権を受け入れ、リーダーたちが排他的な社交クラブのように見えることもあります。迎合的リーダーは、メンバーが従順であり、明文化されていないが認知されている手順を遵守し、リーダーの決定に疑問を持たない限り、社員をとても家父長的に支援することができます。

競争的リーダーシップスタイル

競争的リーダーシップスタイルの組織は、変化に対してより寛容です。変化は、組織の人たちの中で自分自身を際立たせる機会となるからです。このような組織の人たちは、競争という用語で世界を捉える傾向があり、競争は、リーダーが「トップに立つ」ための手段であり、社員が自らの能力を証明するための手段でもあるからです。競争的な組織とは、とても個人主義的なもので、共通するマネジメントツールが、パフォーマンスによって社員をランクづけします。

競争的リーダーシップスタイルをとる組織の主な特徴としては、組織のリーダーがその役割を担っているのは彼らがリーダーに最も適しているからであり、リーダーは過去の実績によってリーダーとしての権利を得ているものだとメンバーが信じていることが挙げられます。もしその実績が低迷した場合は、組織の人たちは、新しいリーダーをその座に就かせることが適切であることを受け入れます。競争的リーダーシップスタイルをとる傾向のある組織の例としては、ベンチャーキャピタル企業やスタートアップ企業などが挙げられます。

競争的リーダーは、他の競争的リーダーと競っているため、周囲の状況の変化に気づかないことがあります。彼らは、社内の競争相手と相対的に自身の利益を高めるため、社内に集中する傾向があります。彼らは外部の出来事を利用して自分の地位を向上させることはできますが、顧客体験の向上についてはほとんどが内部競争の二次的な効果でしかありません。このように外部にいる顧客を重視する姿勢の欠如と、新しい課題に対応するために組織を成長させることへの欠如が、最終的には、競争力のあるリーダーが優れた組織を作り出す能力を制限する

ことになるのです。

触媒的リーダーシップスタイル

　触媒的リーダーシップスタイルが、図 5.2 に示した他のスタイルと異なる点は、他者が自らのリーダーシップ能力を身につけることを支援しようとしているところです。このスタイルでは、リーダーシップを個人的な権限を行使するものとして捉えるのではなく、その機会があれば組織内の誰もが発揮できる資質として見ています。

　触媒的リーダーシップスタイルを体現するリーダーは、より大きな結果が出せるように組織の人たちに権限を与えようとします。触媒的リーダーは、触媒として組織の効果を妨げている障壁を取り除く手伝いをします。また、組織の人たちがプロフェッショナルとしても、個人としても成長するのを助けることで、個人では誰も達成できないゴールを達成するために協力できるようにします。反応の開始に必要な活性化エネルギーを減らす化学反応の触媒のように、触媒的リーダー

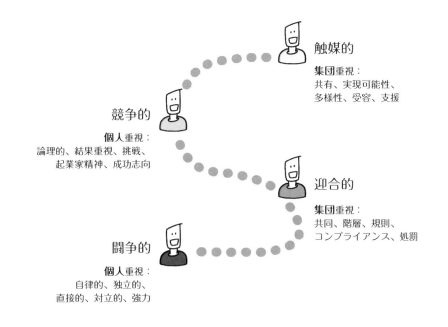

図 5.2: 触媒的リーダーシップスタイルでは、集団に強く重点を置いている

は、組織の人たちが協力し、成し遂げることを容易にする役割を果たします。

文化面でのリーダーシップスタイルとアジリティ

　これらの異なる文化の説明から、自己管理チームとは触媒的リーダーシップスタイルの下でのみ上手くいくことが明らかになるでしょう。結局のところ、自己管理チームは、変化に抵抗する迎合的リーダーシップスタイルによって息苦しくなり、なによりも個人の成功を重視する闘争的リーダーシップスタイルや競争的リーダーシップスタイルによって引き裂かれるのです。

触媒的リーダーシップスタイルの下でのみ、自己管理チームは上手くいく

　組織の主流なリーダーシップスタイルを変更して、触媒的リーダーシップスタイルを支持したいと考えているリーダーは、現在の組織の状況を考慮しなければなりません。すべての組織には、主流となるリーダーシップスタイルがあります。そのスタイルはたいてい組織のトップに立つリーダーによって示されています。

　闘争的リーダーシップスタイルが主流な組織のリーダーは、組織の文化を触媒的リーダーシップスタイルに変えることはほぼ不可能でしょう。しかし、迎合的スタイルに移行することは可能です。このような組織では、組織に浸透している危機的状況におけるヒーロー主義の永続的なサイクルから恩恵を受けており、文化を変えることに反対する人たち（特に上層部の人たち）が多すぎます。闘争的リーダーシップは、自己管理チームにとってはやっかいなものなのです。

　迎合的リーダーシップスタイルが主流な組織のリーダーは、変化に対応してより効果的に行うために組織を変える必要があるとわかっているかもしれません。組織がアジャイルなやり方で取り組む方法や全員が守るべき規則を確立することで、組織のリーダーシップに対する見方を決定できると考えるかもしれません。リーダーが変革の取り組みを主導している限り、組織は変化しているように見えるものです。しかし残念なことに、リーダーが手を引いてしまうと、すぐに組織は以前のやり方に戻ってしまうのです。イノベーションセンターのようなところでは文化の変化が許容されるかもしれませんが、組織の主流に対してまでは決して影響しないでしょう。

競争的リーダーシップスタイルの組織のリーダーは、触媒的リーダーシップ文化が本質的に優れた結果を生み出すことをリーダー自身が実感できれば、変われる機会が高まります。闘争的や迎合的な文化におけるリーダーは、まずは組織を競争的リーダーシップの文化に移行させると、組織を触媒的な文化に移行できる可能性が高くなり、さらなる進化を受け入れやすくなるかもしれません[4]。

キャリアパスを個人のスキルポートフォリオに置き換える

従来の組織は、既存の構造を強化するためにキャリアパスを用います。キャリアパスは、ある意味では「次のことをすれば、評価されますよ」と言っているようなもので、組織の中でどのように昇進していくことが期待されているかを形式的に明示したものです。しかし、キャリアパスとは、石に刻まれたように変えることができないため、不確実で複雑な状況において見せかけの確実性を生み出してしまいます。

ケーススタディでは、自己管理がキャリアパスの理念にもたらす懸案事項になることに人事部門の責任者は懸念を表明しています。同様に、職能ごとに責任を持つ管理職は、組織の人たちを職能ごとのサイロに留めておくことが、彼ら自身の地位と権限の源泉となるため、キャリアパスの概念を推進する可能性があります。

現代の組織では、チームこそが価値を生み出すための基本的な原動力です。チームにとって効果的なメンバーになるまでは、どんなに高いパフォーマンスを発揮している個人であっても、組織が価値を提供する能力にはほとんど影響がありません（あるいは、損害を与える可能性さえあります）。

自己管理チームが成長し発展するためには、チームメンバーはチームのニーズ、個人の能力、関心ごとに最も適した方法で、自らのスキルを高めていく必要があります。個々のチームメンバーは、時間とともに、特定のチームで最高のパフォーマンスを発揮するための独自のスキルセットを身につけていきます。チームのニーズとはそれぞれのチームで異なるものなので、チームのメンバー構成とスキル構成は少しずつ違ってきます。

---

[4] 触媒的リーダーシップスタイルの育成に関する詳細は https://evolutionaryleadership.nl/leadership/catalytic-leadership-style/（今後公開予定の記事）を参照のこと。

これは、チーム間でのメンバー交換を可能にすることを第一と考える従来の管理職にとっては悪夢のような話ですが、その結果、個別のチームが直面する課題に対して独自に対応できるようになるのです。管理職が求める「柔軟性」とは、チーム間でメンバーが移動可能であることを指しますが、「チームに仕事を集める」よりも「仕事に人を集める」ほうがよりよい結果をもたらすという誤った前提に基づいているのです。メンバーは交換可能であり、チームは簡単に組成できるという誤った確信があります。このような管理職は、パフォーマンスが高いチームを作るには多くの時間と投資が必要であり、チームメンバーの変更に対して非常に脆いということを理解していないのです。新しいチームメンバーが加われば、パフォーマンスが高いチームであっても「形成期」の段階に逆戻りしてしまうのです。これは、チームメンバーを失った場合も同様です[5]。

自己管理チームへ移行するにつれ、サイロ化しているキャリアパスが組織の成長においての阻害要因となっていきます。キャリアパスは、もはや組織が向かっている方向を反映したものではなく、スキルや昇進のモデルを反映したものになっているからです。組織が本当にアジリティを必要とした時点で、キャリアパスという考え方自体がもはや存在しない時代遅れの遺物となっているのです。キャリアパスで推奨するスキルがアジャイルチームが求めるスキルと一致しないだけではなく、キャリアパスが保証する昇進の道筋も、もはや存在していません。

自己管理チームのメンバーは、日常の仕事の中で新しいチームに貢献するための新しいスキルを学ぶ機会を継続的に見つけていきます。それぞれのチームのニーズは少しずつ異なるため、チームメンバーが身につけるべきスキルもそれに伴って変化します。アジャイル組織を率いるためには、新たな基本的なスキルセットは必要となるかもしれませんが、これらの豊富で多様なニーズを捉える共通キャリアパスは存在しないのです。

共通キャリアパスよりも、個人の成長過程をはるかに反映しているのが、個人のスキルポートフォリオである

---

[5] チームが時間の経過とともに変化に対してダイナミックに適応していくための方法については、*"Dynamic Reteaming"*（Heidi Helfand 著）を参照のこと。https://www.heidihelfand.com/dynamic-reteaming/

決まりきったキャリアパスのステップを踏んでいくことを考えるよりも、チームメンバーは、自分のスキルを投資ポートフォリオのように考えることで、よりよい支援を受けることができるでしょう。現在は高いパフォーマンスを発揮していても、将来的には価値が下がる可能性があるスキルと、現在はそれほど高く評価されていなくても、将来的に価値が高くなる可能性があるスキルがあるはずです。

変化する世界では、現時点で明らかになっている問題のすべてが明日もそうであるとは限りません。現時点で役立つスキルが、市場の変化やテクノロジーの変化によって価値を失う可能性があります。このようなリスクから身を守るには、投資ファンドマネージャーと同じように分散投資を行っていきます。

多様なスキルを持つことで、チームメンバーは変化に柔軟に対応することができます[*6]。投資ファンドマネージャーがポートフォリオの投資バランスをとるのと同じように、チームメンバーは自らの成長に責任を持つことができます。

つまり、パフォーマンスの低い資産（スキル）を継続的に特定し、将来的にパフォーマンスが向上すると見込めるよりよい資産（スキル）と交換していくのです。

このようにスキルを考えるチームメンバーは、現在上手くいっているスキルであっても、時間とともにその価値が下がる可能性があることに気づくでしょう。また、現在習得中のスキルがあっても、数年後により重要となる可能性があるスキルだってあるはずです。それらのスキルが何になるかは予測ができないため、チームメンバーは、成長するためにいくつかのスキルを持っていたいと思うでしょう。

時間とともに、チームメンバーが新しいスキルのための余地を確保するためには、いくつかのスキルを手放さなければなりません。そのスキルがまだ必要であれば、新しいスキルに集中しながら、他者にそのスキルを習得してもらうように指導することもできます。あるいは、同じような状況にある人を探すこともあるでしょう。つまり、あるスキルのエキスパートでありながら、新しいことに挑戦をしたいと考えている人を探すこともあるでしょう。どのスキルを身につけるか

[*6] 詳細は「3 Reasons Why Being A Polymath Is Key In The Future of Work」（https://www.forbes.com/sites/adigaskell/2019/03/22/3-reasons-why-being-a-polymath-is-key-in-the-future-of-work/?sh=61a8e6196d38）を参照のこと。

は、それぞれの個人的な関心とチームのニーズによって異なります。よって、外部から決められた厳格なキャリアパスに基づくものではないのです。

　得意なスキルをいくつも持っているチームメンバーというのは、「スキル市場」の予期せぬ修正があった場合や、新たな思わぬ機会（「問題」）が発生した場合に、よりしなやかに対応することができます。そして、これらのスキルを身につける過程で、チームメンバーは最も重要なスキルである、新しいスキルを学ぶ能力を身につけるのです。

見せかけの確実性を真の透明性へ置き換える

　多くのリーダーは、透明性を歓迎し、変化を受け入れると言います。しかし、不都合な事実に直面すると、その言葉と違った行動を示してきます。リーダーは、状況が明るく前向きでない情報を隠蔽したり、その情報を伝えてくれる人を非難したりしようとするのです。実際に、多くのリーダーは透明性に対して不都合だと捉えます。それは、リーダーが示すべきだと考えている「やればできる」という態度に反しているからです。

　著者たちがコンサルティングをしてきた経験から得た2つの例を挙げます。

- 著者たちがともに仕事をした多くのチームは、経営陣向けにプロジェクト状況を説明し、進捗状況、リスク、課題を提示し、それらに対してどのように対処するかをプレゼンする準備を求められていました。これらの会議の準備作業は相当なものです。不必要に管理職の注意を引きつけないように、状況を実際よりもよく見せるように「解釈する」のにかなりの労力を費やしていました。
- 著者たちがともに仕事をした別のチームは、パッケージアプリケーションを評価して、自分たちのニーズに適応できるかどうかを決定していました。チームはアジャイルなアプローチを用いて、実際に扱う必要がある現実世界のシナリオのうち、小さいけれど重要なサブセットを満たすようにパッケージを適応させたのです。1ヶ月の取り組みの後、チームはこれらのニーズを満たすためにパッケージを適応させることができましたが、組織のすべてのニーズを満たすためには、法外なコストがかかることもわかりました。プロ

ジェクトは中止になり、数千万ドルと数年のコストが節約できました。しかし、管理職の中には、チームが組織の支出可能な金額の範囲内で実行できる解決策を作れなかったためプロジェクトを失敗と捉えていた人もいました。

多くの組織では、「予測可能性」が重視され、期待した結果が得られない場合は失敗とみなされます[*7]。その結果、組織の人たちはリーダーが知る必要があることを伝えるのではなく、リーダーが聞きたいことを伝えなければならないというプレッシャーを感じるため、より前向きな情報を見せるように「解釈する」ようになり、そう解釈できない情報は隠すようになります。結局、リーダーはもっと早くに知りたかったよくない知らせに驚かされ続けることになるのです。

これを解決することは、少なくとも概念上は容易です。完全な透明性を奨励し、それを求めさえすればよいのです。著者のひとりの管理職には、「事実は友好的である」と表現していた人がいました。これは重要な見立てなのです。ある意味、現状を正確に把握できる知らせとは、どれもよいものです。「よくない知らせ」とは、何か別のことをする必要があることを教えてくれるため、「よい知らせ」よりもさらによい場合があります。自分の先入観が常に正当化されているようでは、何も学ぶことはできません。

これを実践するのは難しく、特に完全な透明性に慣れていない組織ではさらに難しいものです。透明性に慣れていない組織のリーダーは、情報がフィルターにかけられ、「解釈される」ことを知っています。そのため最終的に「よくない知らせ」が視界に入ってきたときには、その重大さが増幅する傾向があります。言い換えれば、このような組織では、ほとんどの情報がフィルターにかけられるため、リーダーが受け取るよくない知らせはすべて**本当に悪いもの**に違いありません。組織が完全な透明性への道筋を歩み始めたら、リーダーは意識的にこの手の情報への反応を遮断し、情報を冷静に検討する必要があります。「事実は友好的である」を呪文として繰り返すことは、「よくない知らせ」に対する感情的な反応に対抗するのに役立ちます。透明性を受け入れる文化では「よくない知らせ」など存在しません。そこにあるのは、単に「情報」なのです。

楽観的な情報に慣れきった組織には、もう少し手助けが必要となります。リー

[*7] 詳しくは、https://www.scrum.org/resources/blog/escaping-predictability-trap を参照のこと。

ダーは、組織の人たちの透明性を認め、それに感謝しなければなりません。そして、予期せぬやっかいな知らせを前向きに解釈することに対して評価するのをやめる必要があります。リーダーは、完全な真実性を得ていないことに気づいたら、全容を把握したと納得するまで掘り下げ続けなければなりません。ある意味、リーダーとは、透明性を追求しなければならない探偵なのです。

リーダーとは、透明性を追い求める探偵なのである

ときには「真実性」が明確ではなかったり、決定的ではなかったりします。質問に対して明確な答えがないのかもしれません。正直に言うならば、「わかりません」という答えも受け入れなければなりません。リーダーは、まだ答えのない質問もあることを受け入れることで、透明性を高めることができるのです。さらに踏み込んで、「まだわからなくてもよいです。でももっとわかるためにはどうしたらよいかを一緒に考えましょう」と言えることで、チームがよりよい結果を達成する手助けができるのです。

ボトムアップによるインテリジェンスを信頼することを学ぶ

STORY

12月15日、大規模な寒冷前線がこの地域にやってきます。この時期の例年を7度以上も下回り、電力需要が大幅に急増します。寒さに十分に対応していない老朽化した変電所が故障し、テストが不十分だった予備発電機も故障します。電力需要が供給を上回り始め、その結果、この需給バランスの不安定さが全国送電網にさらなる故障の連鎖を引き起こします。その日の深夜には、主要な変電所で漏電が発生し、200万人以上の顧客に電力が供給できなくなります。全国の送電網への長年にわたる投資不足のつけが回ってきたのです。

これらの障害のほとんどは、リライアブル・エナジー社の送電網の外部で発生していますが、同社に影響がないわけではありません。運用管理センターでは、午後にかけて送電網の障害の影響を確認し始めています。これらの問題は自社の管理下にないにもかかわらず、送電網の別の場所で発生しているこの問題によって、リライアブル・エナジー社の顧客にも影響が波及し始めています。午後9時すぎに連絡を受けたドリーンは、管理職全員に連絡して、今後の対応を決定する会議を開きます。エンジニアリング部門の責任者のニックが、断固として主張

します。

ニック「すぐに副送電網を停止する必要があります。そうしないと、他の送電網の需要が供給を上回り、送電設備が損傷する恐れがあります。」

広報部門の責任者であるジュリーが割って入ります。

ジュリー「それはわかりますけど、そんなことをしたら、怒った顧客に私たちを非難する材料を与えているようなものです。我が社のせいだと思われてしまいます。」

ニックとジュリーの指摘するリスクをわかっているドリーンは尋ねます。

ドリーン「回避策を講じるのにどれくらいの時間がかかりますか？　不測の事態に備える計画はないのですか？」

ニックが答えます。

ニック「私たちは副送電網が故障した場合の回避策を考えていますが、全国送電網にはこの部分に対処する自前の計画があるのだと常に想定をしていました。しかし、明らかにその計画は機能していないのです。我が社の送電網への大きな被害を避けたいのであれば、今すぐに送電網を停止する必要があります。」

ドリーンは眉をひそめ、話します。

ドリーン「顧客は家庭の暖房を我が社に任せてくれています。このような天候で我が社が電力を止めれば、人々の生活に影響を及ぼします。よりよい答えはないでしょうか。」

ニックが答えます。

ニック「夜遅くから、私の部門の管理職と連絡をとっています。今夜は計画を練るために会議を何度か行い、朝一番には何か議論ができるはずです。その間は、送電網を止める必要があります。」

話し合いの途中から会議に参加しているナゲッシュが割って入ります。

ナゲッシュ「遅れてすみません。午後からずっと送電網運用センター（NOC）のチームと電話で話をしていました。彼らがこの解決策を持っていると考えています。今、機能すると思われることを慎重に試しています。送電網を停止する必要はなさそうです。」

ニックは、この知らせに明らかに驚きと同時に苛立ちを示しています。

ニック「NOC のチームがどんなことを行ってきたとしても、その提案は、エンジニアリング管理プロセスを通していませんよね。提案を検討する時間が必要になります。」

しかし、ドリーンとジュリーは慎重ながらも高揚しています。ドリーンが尋ねます。

ドリーン「よい知らせですね！　NOC のチームの解決策を教えてください。」

ナゲッシュが続けます。

ナゲッシュ「私たちが NOC と協力して、全国送電網とのインターフェイスをテストしていることはご存じですよね。テストは順調に進んでいて、NOC とプロダクトチームは終日協力して、送電網管理の制御を新しいシステムに徐々に移行しています。いくつかの問題に対処しなければなりませんでしたが、それらに対応して解決策を見つけることができました。」

ニックが割り込みます。

ニック「それはよいことですけど、社内の承認プロセスを経ていませんよね。エンジニアリング管理チームがレビューするまでは、承認するのは気が引けます。」

ドリーンが割り込みます。

ドリーン「ニックさん、誰もあなたやあなたの部門の管理職を蚊帳の外に置こうだなんて思っていませんよ。でも、上手くいきそうな解決策があるのならば、顧客への電力を止めてまでして、承認プロセスを経ている場合でもないですね。私は、チームが提案している解決策を実行することを提案します。顧客へ電力供給しながら、ニックさんとあなたの部門の管理職で作業をレビューできますよね。今夜、全員で協力できる場合は、それを実行してください。ただし、それぞれのチームが行っていることは進めていきましょう。」

アジャイル組織へ移行しようとしている従来の組織には、仕事に最も近い人たちに任せるかどうかを決断しなければならない重要な瞬間があります。このエピソードは、その瞬間をはっきりと示しています。NOC のチームメンバーとプロダクトチームは、問題を解決するために協力して取り組んでおり、事実の最も近くにいるので、意思決定をするのに最も適した人たちなのです。しかし、トップダウンの指示系統に慣れた組織の管理職にとって、この意思決定サイクルに自分たちが関わらないでよいと認めるのは難しいことです。

管理職が、その場にいて、チームと一緒に問題に取り組んでいたとしたらまた違うかもしれません。その場に管理職がいれば、疑問を投げかけ、よりよい解決策を導き出すための議論が促されるかもしれません。しかし、管理職が現場から離れたところにいる限りは、意思決定プロセスにおいて何の足しにもなりません。

この例での NOC チームとプロダクトチームには、顧客に役立つ解決策を見出すことに深い関心を持っているという重要な特徴があります。ドリーンとナゲッ

シュを除く管理職は、単によくない印象を与えないことばかりを気にしているように見えます。これは、従来のトップダウンによる管理を捨てるときが来たことを示す重要な兆候なのです。アジャイルチームが顧客の成功に対して関心を持ち、そのことを評価され、報酬を得ている場合、彼らには自分たちの仕事について意思決定を行う適切な動機づけになります。

　チームが顧客の成功に責任を持つためのスキル、知識、モチベーションを身につけたら、アジャイルリーダーはそれらのチームの能力を支援し、成長させることに関心を移すことができます。地位や役割に関係なく、決定を完璧にできる人がいないのと同様に、決定を完璧にできるチームもありません。しかし、アジャイルチームは、フィードバックに基づいて結果や取り組み方を検査し、適応させることにはるかに適しています。さらに、そうしたチームに集められた頭脳は、ひとりの人の持てる能力よりもはるかに高いことは間違いありません。アジャイルリーダーは、チームの検査能力と適応能力を育て、それによってチームが成長することに関心を向けなければなりません。

　このエピソードが示すように、従来のトップダウンによるリーダーシップと、ボトムアップによるインテリジェンスを用いた権限のあるチームとの間の移行とは、多くの場合、外部によって引き起こされるものなのです。アジャイルの能力を身につけているどの組織でも、何らかの外部からの危機によってチームがステップアップして新しい責任を担う準備ができていることが明らかになる瞬間があるものです。組織はこの移行が徐々に行われることを望むかもしれませんが、外部の出来事はそれを待ってはくれません。アジャイルリーダーにとって重要な課題は、リーダーが管理することを手放して、チームが自分たちで管理できるようになるこの瞬間に向けて、自分自身とチームの準備をしておくことです。これにより、リーダーは、チーム全体の問題を特定し解決するための時間を増やすことができます。

ここまでのふりかえり

　従来の組織では、個人のパフォーマンスを評価します。個人としてのヒーローが、いかに困難を乗り越え、偉大なことを成し遂げたかを描くストーリーを展開

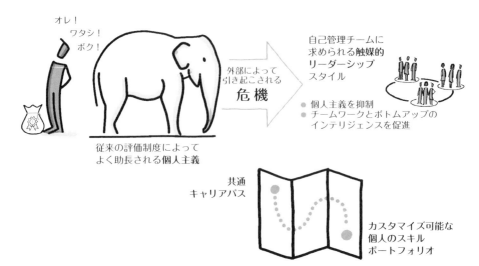

するのです。しかし、現実は全くそうではありません。現代社会だけでなく、人類の歴史を通じても、他者と協力せずにひとりで何かを成し遂げることは事実上不可能であることが証明されています。

　このような「ヒーロー文化」に身を置くアジャイルリーダーは、ものごとを成し遂げるのはヒーローではなく、チームであるという単純な事実をわかってもらうためにストーリーを変える方法を見つけなければなりません。ヒーローのストーリーに固執している組織では、この真実を受け入れることは難しいです。「触媒的」リーダーシップが不足しており、自分たちを組織のサクセスストーリーにおける主人公とみなしているリーダーにとって、この変化はたいてい最も難しいものになります。

　チームが上手くいくことを重視するということは、個人の貢献が重視されないということではありません。しかし、チームがゴールを達成し、よりパフォーマンスを向上させるためにどのように貢献するかという観点から、貢献というものを再構築することになります。ある意味で、個人を「画一的な」キャリアパスから解き放ち、チームに最適な方法で個人のスキルを開発するのに、チームは役立つのです。

第6章
リーダーはどこにでもいる

　アジャイル組織の特徴のひとつは、階層を最小限に抑え、顧客に価値を提供するために必要なことは何がなんでもできるようにするチームの自律性を備えていることです。第5章では、このことが、従来の組織のマネジメントの階層にどのような違和感をもたらすかを強調しました。管理職は自分たちの権限が損なわれるのを恐れているからです。このケーススタディでは、アジャイルチームの自己組織化を支援することによる利点についても説明しました。ケーススタディのチームは、学んだことを適用し、自己組織化することにより、従来のマネジメントの階層では予期できず対応できなかった困難な問題に対しても迅速に解決することができたのです。

　組織が企業のアジリティを実現するためには、リーダーシップはごく一部の人が持っていればよい資質であるという考えを捨てて、ほとんどすべての人がリーダーシップの能力を持って生まれてくるという考えを受け入れる必要があります。リーダーシップの能力を発揮できるかどうかは、適切なリーダーシップスタイルと組み合わされた状況によって決まります。この新しい組織におけるアジャイルリーダーの役割は、組織の人たちがリーダーシップを発揮できるようにすることなのです。

アジャイル組織の育成と成長

STORY

　12月の停電は、報道機関でも注目され多くの批判を集めました。政府に対す

る規制監督の甘さへの批判が広がり、電力会社に対するより厳しい規制を求める声が上がったのです。既存の電力会社はさらに、利己的すぎるあまり、インフラの維持や更新への投資を行えておらず、停電の原因を予測するには無能すぎると指摘されました。リライアブル・エナジー社も、他の既存の電力会社とともに批判的な注目を浴びました。しかし、従来とは異なる取り組みを進めていたおかげで、革新的な方法で停電に対応できたことも報道されました。

　ドリーン自身のアジャイルへの取り組みは、停電の余波で大きな転機を迎えました。彼女は従来の組織がいかに独自のプロセスと官僚主義にとらわれていたかを目の当たりにしたのです。その一方で、新しいアジャイルチームが創造性と熱意を持って対応しているのも見てきました。このアジャイルチームの対応は、以前の組織を壊し、真のアジャイル組織を構築するというドリーンの決意を後押しするものでした。彼女は、組織全体をアジャイルな未来に向けて動かすための新しい方法と機会を探し始めました。避けられないことだと彼女はわかっていたのです。

　この停電のせいで、リライアブル・エナジー社を含むすべての競争相手は、複数国にまたがるスマートグリッドの取り組みの長期的な計画であった年末の入札期限に間に合いませんでした。しかし、リライアブル・エナジー社にとってはプラスの面もありました。それは、停電に対応したアジャイルチームの経験から、今後このような事態を回避するための貴重なインサイトを得たことです。この知識が同社の入札提案の大幅な修正に繋がり、遅くなったとはいえ、他の競争相手よりも早くチームは入札回答を提出しました。

　1月中旬になると、停電と入札回答書の提出がひと段落し、ドリーンとナゲッシュは、組織全体でアジリティが向上する方法について話し合っています。ナゲッシュはホワイトボードに絵を描いています。

　ナゲッシュ「私が見てきた組織の最大の間違いについてお話ししますね。組織とは、アジャイルチームが上手くいっているのが見え始めると、もっと早期にパフォーマンスの高いチームにならないのかと不満を抱くのです。組織は近道を探し始めるのです。上手くいき始めたアジャイルチームとは別の方法で始めようとするのです。」

　ドリーンはうなずきます。

　ドリーン「プレッシャーはわかります。停電と入札提案を終えた後、取締役会は私に対して、アジリティをもっと高めるようにとプレッシャーをかけてきていますし。」

　ナゲッシュは描き始めます。

　ナゲッシュ「アジャイルチームを体系的に立ち上げ、成長させる方法はあります。それほど難しくはないのですが、忍耐が必要です。覚えているかと思いますが、私たちは GSS チームのメンバーを彼ら自らで選ぶことから始めました。こ

の先も、これを変えないほうがよいです。自己管理の第一歩として、チームがこれを行えるように支援することが重要なのです。プロセスをやり易くするためにコーチングで手助けすることはできますが、チームに人をアサインすることで、それを急がせることはできないのです。」

ドリーンが付け加えます。

ドリーン「チーム組成のプロセスには、すべてのステークホルダーを参加させたいです。彼らを輪の中に入れておくだけではなく、積極的に参加させないとですね。私たちはそれをしなかったので、最初は少しつまずいてしまいましたね。」（図 6.1）

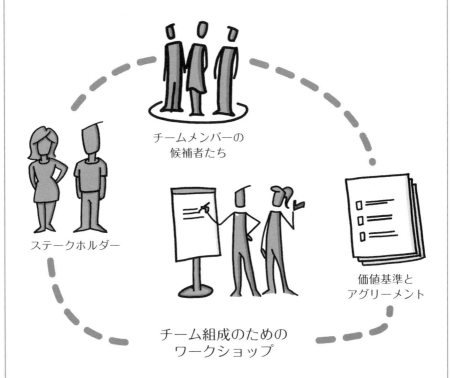

図 6.1: チームを組成し、自己組織化するのに役立つワークショップ

ナゲッシュは続けます。

ナゲッシュ「今わかっていることを踏まえれば、チームを組成し、ステークホルダーと強い協力関係を築き、チームがよりよく自らを管理する方法を学べる

ワークショップを開発できると思っています。」

ドリーンは、ナゲッシュが何をしようとしているのかわかります。

ドリーン「確かに、チームが自己管理する方法を学び、ステークホルダーがチームと協力する方法を学ぶのには時間がかかりましたね。このようなワークショップがあったらどう役立つのかわかります。それにチームが阻害要因を取り除くのを支援してくれるよう、ステークホルダーにコミットしてもらうのにも役立つと思います。」

ナゲッシュが答えます。

ナゲッシュ「そのとおりですね。組織の他の人たちにも、チームが上手くいくことに対するオーナーシップをわかってもらうことができれば、組織全体にアジリティを浸透させるための大きな一歩となることでしょう。ドリーンさんと私だけが、この変化の推進者でいいわけがありません。組織の他のリーダーたちの協力を得る必要があります。」

ドリーンは同意します。

ドリーン「このチーム組成ワークショップがあれば、新しいチームや新しい取り組みを立ち上げるのがずっとやり易くなりますね。既存のアジャイルチームの人たちにファシリテーターとして手伝ってもらうか、エナジー・ブリッジ社の経験豊富なファシリテーターに助言を頼むか、どちらかを検討したいです。彼らの経験は、組成したばかりの新しいチームをどのように支援するかのインサイトに繋がりますし、効果的なファシリテーターになるために必要な信憑性にも繋がりますね。」

　第2章では、チームメンバーの自己選抜と自己管理に焦点を当て、チーム組成プロセスの一端を紹介しました。チーム組成のより完全な全体像には、ステークホルダーを含める必要があります。ステークホルダーの支援とエンゲージメントがなければ、アジャイルチームが組織の別の部門と協力しなければならないときに、効果的に機能できないからです。ステークホルダーは、チームの自己管理だけでなく、実際の顧客に対して機能するプロダクトを頻繁に小さく提供するというアジャイル開発のアプローチにも賛同する必要があります。そうしないと、アジャイルチームは支援がなく衰退し、単にアジリティを「偽装」し始めてしまいます。

　これらのステークホルダーは、組織の他の人たちからも尊重されていなければなりません。ステークホルダーは、チームに代わって組織の他の人たちに助けを求める必要があるのです。成し遂げるために「協力を求める」ことができなけれ

ば、アジャイルチームも停滞することになるでしょう。さらに、アジャイルチームは、情報を提供するのに役立つ組織全体の人たちと関わることになります。そのための妨害を取り除き、手引きを提供するには、しっかりとした政治的に影響力のあるステークホルダーが必要となるのです。アジャイルチームが失敗する際、多くの場合は、彼らが達成しようとしていることに対してシニアリーダーの支援が不足しているのです。

シニアリーダーの支援不足が原因でアジャイルチームが失敗することはよくある

第2章で述べたように、チームメンバーをチームにアサインすべきではありません。チームの一員になることを選択する必要があるのです。これは、ステークホルダーに対しても当てはまることです。チームに自己管理することを任せるという考えに納得できない人や他のチームメンバーと一緒に取り組みたくない人から、十分な協力は得られません。さらに悪いことに、意図的ではないにせよ、チームの仕事を台無しにしてしまうことさえもあります。

チームビルディングワークショップでは、チームメンバーの候補者やステークホルダーが、チームや取り組みの一員になりたくないと判断しても容認すべきです。「前向きな態度」を評価する組織文化では、このような容認を定着させるのは難しい場合があります。チームの自己選抜の経験があるスキルの高いファシリテーターは、誰かが十分に関与していないとわかった場合、懸念を表面化する手助けをしなければならないかもしれません。また、チームメンバーやステークホルダーがそれが最善であるとわかった場合、関与を取りやめる余地を作っておく必要もあります。

チーム組成のスケーリング

効果的でパフォーマンスの高い自己管理チームの威力を目の当たりにした組織のリーダーは、時として意図せず新たな問題を生み出すことがあります。自己管理の必要性に納得したリーダーは、パフォーマンスの高いチームを育てるために必要な時間と投資に焦りを覚えることがあるのです。要するに、組織の数百のチームを迅速に変えることができる近道を探しているのかもしれません。それは、当初のチームの数分の1に時間と労力を削減する

ような近道です。SF に例えるならば、「ワープドライブ」を求めているのです。それは物理法則を一時的に停止し、遠く離れたゴールに瞬間移動することを求めているようなものです。

　率直に言うと、チームの自己管理する能力を向上するために必要となる時間と労力をすべて省くような近道はありません。もしあれば、組織は最初からそれを用いているはずです。

　さらに言えば、組織がアジャイルになるための能力を壊す最も確実な方法は、近道をして一度にたくさんのアジャイルチームを立ち上げようとすることです。このようなアプローチを試みる組織は、自らを薄く広げすぎ、達成不可能なレベルまで期待値を高めてしまいます。その結果、組織が自らの期待値が非現実的なものであると気づいたときに崩壊し、アジャイルなアプローチに対する反感が生まれ、そこから回復できなくなるのが通常です。

　魔法のような近道を探すのではなく、とにかく始めてみましょう。まずはひとつの上手くいくチームが成長するように支援します。そして、また別のチームを支援します。さらにいくつかのチームを支援するのです。それぞれの経験が次の経験を容易にします。また、魔法のような考えに酔いしれることから覚めるのではなく、組織が実際に経験という強固な土台を築くことができるようにすることです。

適切なスキルと適切なタイミングでアジャイルチームを支援する

STORY

　さらにアジャイルチームを組成していくにつれ、ドリーンは乗り越えなければならない別の課題を発見しました。

　ドリーン「どんなに職能横断的なチームであっても、チームメンバーが外部の助けを必要とすることはあります。どのチームも職能横断的なスキルが向上するように努力していますが、チームにはないスキルや権限を持つ人が意思決定すべきこともよくあります。今の仕事のやり方では、その人たちが時間を作ってくれるのを待たなければなりません。でも、その人たちは他のチームを支援していて、いつもとても忙しいものです。」

　ナゲッシュが同意します。

　ナゲッシュ「これではチームの士気が下がってしまうのです。組織の別の人を常に待たなければならないと、チームが本当に上手くできていないことを実感す

ることになるからです。」

ドリーンはホワイトボードに3つの列を描き始めます。

ドリーン「これまで私たちが行ってきたことを、私はこのように見ています（図6.2）。この最初の列（左端）は、エナジー・ブリッジ社を買収したあと、組成した最初のいくつかのアジャイルチームを表しています。これらのチームはかなり独立していて、職能横断的でしたが、チームだけで『完成した（done）』プロダクト[*1]のすべてを提供することはできませんでした。チームは、従来のサイロ化された運用チームとインフラチームの助けを必要としていました。」

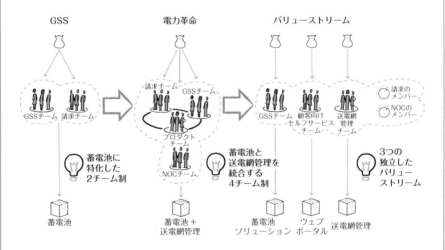

図6.2: アジャイルチームが進化し成長するためには、チームの組織構造を進化させる必要がある

ドリーンは続けて、2つ目の列（中央）を描きます。

ドリーン「その後、例の停電の非常事態になり、チームはプロダクトを最初から最後まで完成させるために、必要な他の分野もいくつか巻き込むようになりました。停電に対応する中で、チーム間の境界線は薄れていきました。停電が落ち着いたあとも、それぞれのチームの人たちは、公式には別々のチームに所属しているにもかかわらず、正式のルートを介さずに、より流動的にお互いに仕事をす

[*1]「完成した」の意味については https://www.scrum.org/resources/blog/done-understanding-definition-done を参照のこと。

るようになりましたね。でも、このような絆が形成されるのには緊急事態が必要でした。それに、時間が経つにつれて絆が薄れていくのもすでに見えていますね。」

3つ目の列（右端）を描きながら、ドリーンは続けます。

ドリーン「私たちは、このような障壁を取り払って、アイデアから顧客体験に至るバリューストリーム全体をそれぞれのチームが主体的に見られるようにする方法を検討しないといけません。『エキスパート』が必要なときに必要なだけチーム間を行き来するといった新しいモデルへの進化を見始めています。まだ従来のチームに所属している人でも、このような働き方をしている人が数人はいます。私たちは、このような働き方を支援し、奨励する方法を見つけなければなりません。現行の仕組みだと、このような振る舞いは許されていないので。」

ナゲッシュが同意します。

ナゲッシュ「そのとおりですね。エナジー・ブリッジ社でも、早い時期にこのようなことがありました。私たちが見つけたことであり、同じようなことをやってきた別の組織の同僚から聞いたことでもあるのですが、チームが本当に自己管理し、顧客のアウトカムに責任を持つようになるには、バリューストリーム全体を主体的に見られるようにする必要があるということです。つまり、専門スキルを持った人たちの居場所となっている現行のチームのいくつかは、時間とともに、解散せざるを得ないということです。例えば、プロダクトの採用やサポートといったスキルのいくつかはアジャイルチームが担うことになります。なぜならば、アジャイルチームは、上手くいくためにこういった中核スキルを持っている必要があるからです。例えば、法律知識や情報セキュリティなど、より専門的で必要な頻度の低いスキルは、独立したままにすることもできますが、アジャイルチームが必要とするときにいつでも対応できるようにしておく必要があります。つまり、アジャイルチームが待たなくてよいように、その分野の人員を増やす必要があるかもしれないということです。」

図6.2の3列目は、組織がサイロを解消するための重要な方法を示しています。NOCチームと請求チームを個別に持ちながら課題に対して連携して取り組むのではなく、GSSチーム、顧客向けセルフサービスチーム、送電網管理チームが、必要に応じて請求やNOCの専門知識を持った人材に対応を頼めるようにするだけでよくなります。これらの人材は、チームに不足している専門知識やスキルを提供するために一時的にチームに参加することになります。チームにとって必要がなくなったり、チームの専門知識の向上に貢献できたことで役目を果た

したら、これらの人材はチームを離れることになります。

これを上手く実現するカギは、「必要なときに活用できる[*2]」というフレーズにあります。アジャイルチームが依頼書を提出し、誰かが支援してくれるのを待たなければならないとすると、アジャイルチームには遅延が生じ、非効率となるからです。アジャイルリーダーはチームと協力して、不足しているスキルに対する要請を見込んで、適切な人材を適切なタイミングで活用できるようにする方法を見つける必要があるのです。

組織のサイロ化がアジリティと生産性を妨害する

従来の組織とは、関連するスキルセットを中心にチームを構築するものです。このようなチームは、他のサイロと緩やかに繋がっているだけで独立している傾向があるため、「サイロ」と呼ばれることがあります。このようなサイロが存在するのは、組織が専門スキルを持つことに価値があると考えているからです。また、組織が特定の専門スキルセットを管理するには、それ独自の着眼点が必要であり、それは別のスキルセットを管理するのとは異なると考えているからです。組織がこのような方針で進めると、スキルの専門分野の中で社員の昇進をさせることになるでしょう。

このサイロ化した組織は、いくつかの不幸な結果を生み出します。

- 社員が職能横断的なスキルを幅広く身につける妨げとなります。
- スペシャリストで構成する職能横断的なチームは、大きすぎて効果的でないため、職能横断的なチームを組成し、成長させることはほぼ不可能になります。
- 結果的に、兼任のメンバーでチームを構成することになり、作業が遅延します。スペシャリストで構成する職能横断的なチームでは、ほとんどのチームメンバーが常に待機状態になるため、スペシャリストでチームを構成しようとする組織では、ほとんどの場合、複数のチームに所属することになるのです。所属するチームが多ければ多いほど、スケジュールの競合が発生し、他のチームメンバーとの作業を待つために大量の待機時間がかかることになり

[*2]（訳者注）available when they need them

ます。
・職能横断的な広範囲なスキルよりも、狭い範囲の専門的なスキルを優遇する昇進報酬制度に繋がります。

　従来の組織では、わずかな作業をこなすのにとても長い時間をかけるのが当然です！　職能横断的なチームを長期にわたって維持するのが難しいのも当然です。制度が職能横断的なチームに抗うようにできているからです。

職能横断的なチームは生産性を向上させるが、それでも支援が不可欠である

　アジャイルチームでは、職能横断的なチームを構成し、チームメンバーがスキルをさらに広げ、深めることを促すことで上述の問題を解決します。これにより、待ち時間が短縮され、チームが作業を迅速に終わらせるための能力が向上します。

　このような職能横断性には限界があります。チームが効果的であり続けるためには、かなり小規模である必要があり、通常は9人以下のメンバー構成にします。また、ひとりの人が本当に高いスキルを身につけることができるものには限りがあるはずです。さらに、スキルを習得するには何年ものトレーニングも必要で、チームメンバーが習得しても意味がないような深いスキルも常にありえます。例えば、法律、医療、工学、その他の技術分野のスキルなどが挙げられます。

　この問題の解決策は、図6.2の3列目で示しています。不足しているが重要なスキルを持つ人たちは、ある意味でアジャイルチームを支援しなければなりません。そのためには、アジャイルチームがやるべき作業を手伝う機会を待っている必要があります。これは、起こりうる危機を解決するためにそのときを熱心に待つ消防士に似ていますが、火災予防のアドバイスをすることで、最初の段階で危機を回避する手助けもできます。このアジャイルスペシャリストモデルは、従来のモデルとは決定的に異なる点があります。アジャイルスペシャリストモデルでは、アジャイルチームが支援を必要とするときまで、スペシャリストが待ちます。それに対して従来のモデルでは、スペシャリストが支援しにきてくれるま

で、アジャイルチームが待ちます。スペシャリストは高給取りであることが多いですが、チーム全体を待たせるよりも、スペシャリストを待たせるほうがはるかに費用対効果が高くなります。

アジャイルスペシャリストモデルを機能させるカギは、アジャイルチームが待たなくてよいくらいに十分な数のスペシャリストを確保する必要があることです。これは、スペシャリストと組織の管理職の両者にとって不都合な状況になります。彼らは仕事がくるのを待っている高給取りの人材がいることに慣れなければならないからです。スペシャリストの待ち時間とアジャイルチームの待ち時間のバランスを取り、最適なバランスになるようにスペシャリストの適切な人数を選択することになります。

スペシャリストの「ダウンタイム」を活用してチームの効果性を向上させる

ある種の希少なスキルを持つスペシャリストは、チームの役に立つこと、つまり、チームがチーム自身で解決できる方法を提供することによって、本来ならば待ち時間として費やす時間を有効に使えます。

- ソフトウェアセキュリティのスペシャリストは、継続的インテグレーションの自動実行に追加する自動テストを作ることで、提供プロセスの早い段階で一般的な欠陥を見つけることができるようにします。パフォーマンス、信頼性、拡張性、プロダクト品質の別の側面など、別の多くの懸案事項に対しても同じことを行うことができます[3]。
- 法律のプロフェッショナルは、知的財産の保護に関する基本的な概念をアジャイルチームのメンバーが学習するのに役立つトピックとなる教材を整理したり、作成したりすることができます。これには、少なくとも何をする必要があるのか、いつプロフェッショナルにアドバイスを求めるべきかなども含まれます。
- 運用のプロフェッショナルは、自動デプロイメントをサポートするツールを

---

[3] ソフトウェアの継続的インテグレーションと継続的デリバリーのプラクティスについては、本書の範囲外である。これらの概念とプラクティスについては https://continuousdelivery.com/ を参照のこと。

118　第6章　リーダーはどこにでもいる

作成することができます。また、保守性を向上させるためにアプリケーションに設置するフレームワークを提供することができます。

・人事のプロフェッショナルは、チームが採用やチームビルディングをより良く行えるようにするために役立つ教材や手引きを提供できます。

　要するに、専門的なスキルを持つ人たちは、アジャイルチームがより自律できるように支援し、チームがどのタイミングで支援を要請すべきかがわかるように取り組むべきです。アジャイルな作業モデルに移行している組織では、このような専門的な職能のいくつかをアウトソーシングし、外部のコンサルタントやコーチを活用することで、専門の知識を必要としない人たちの配置に柔軟性を持たせることができるのです。人材育成は重要ですが、このアプローチを上手く行うには、常にチームが自律するために支援することが重要になります。

スペシャリストには支援するチームとの繋がりの維持が不可欠

　自分たちはいつ支援を必要としているのかを、チームが常に把握できているとは限りません。「何がわからないのかわからない」という問題を乗り越えるために、スペシャリストは支援するチームと密接な関係を保たなければならないのです。特定のチームの支援で忙しくしていないときには、チームのデイリーミーティングにスペシャリストも参加してもらうことは、多くの負担をかけずに行えるひとつの方法になります。スペシャリストは問題が起きたときにすぐに関与できる方法をよくわかっているものです。アジャイルプランニングイベントに参加することも、スペシャリストがアジャイルチームメンバーと関わり、いつ、どのように支援するのが最善なのかを理解するためのひとつの方法になります。

　スペシャリストにチームを支援してもらうためのもうひとつの方法として、コーチングを要請するプルリクエストがあります。プルリクエストは、ITインフラを用いてサポートするようにします。Buurtzorg Nederland[*4]のような企業は、このような支援を組み合わせて自律したチームが展開できる環境を作り出しています。Buurtzorg Nederland の 13,500 人の従業員は、典型的なトップダウンのマネジメント構造の中で仕事をしていません。その代わりに、極めてフラットなマネジメント構造を実現することによって、明確なガバナンスの仕組みを作り出しています。それは、コーチがチームの

[*4]（訳者注）Buurtzorg Nederland は、オランダの在宅ケアサービス組織である。

アジャイル組織の育成と成長　119

ニーズを支援しながらも、マネジメント上の決定はすべて自己管理チームが行うというものです。

　従来のトップダウンによる管理体制がないにもかかわらず、Buurtzorg Nederland では、少人数のチーム、業務負担を最小限に抑える IT システム、地域コーチ[*5]によるオンデマンドでの手引きのおかげで、業務範囲と職務は管理しやすい状態を維持しています。同社のクラウドベースのインフラを使用することで、チームはスペシャリストと継続的にコミュニケーションをとることができます。このインフラでは、すべての情報（顧客情報、計画、学習環境、チームの状況など）が透明化されています。

　このような他とは異なるリーダーシップのアプローチとインフラによるサポートによって、Buurtzorg Nederland は大きな成功を収めています。2006 年の設立以来、独立したチームを 1 チームから 900 チーム（2018 年現在）まで拡大し、年間 7 万人以上の患者をケアし、市場の 20 ％を占有しています[*6]。

「実務者」でなく、指南役・コーチ・メンターを主業とするスペシャリスト

　スペシャリストが単に駆けつけて、「仕事をこなす」のは最も容易なことですが、それではアジャイルチームの自律性を向上させるのには役立ちません。スペシャリストがチームメンバーと協力してスキルを向上させ、将来的にチームメンバーが仕事をこなせるようにするほうがよりよいはずです。ペアリングなどのプラクティスは、この目標を達成するための素晴らしい方法です。チームを支援するスペシャリストにとって最も重要なスキルは、ティーチングとコーチングです。スペシャリストがこれまで役職のない社員であった場合、ティーチングやコーチングのスキルを磨くための支援が必要になるかもしれません。アジャイルチームとともに働くことは、スペシャリストが自身のリーダーシップスキルを向上させるための成長の機会にもなります。リーダーシップには、通常、直接的、間接的な方法の両方でのティーチング、コーチング、メンタリングが含まれるか

[*5]（訳者注）Regional Coach、コーチひとりで数チームを支援するチームコーチで、意思決定権を持ち合わせていない。

[*6] Buurtzorg Nederland 社のモデルについては、https://www.buurtzorg.com/about-us/buurtzorgmodel/を参照のこと。

らです。

リーダーシップへの成長過程：あらゆる場所でリーダーは育つ

　組織におけるリーダーやスペシャリストの最も重要な役目のひとつは、チームが上手くいくために必要なスキルを学ぶ機会を十分に確保することです。

　複雑な問題領域で活動するチームは、常に新しいスキルを習得する必要があり、リーダーはこの学びを促す基盤を提供しなければなりません。これにより、チームが成長し、組織のあらゆる場所でリーダーが誕生します。

**　リーダーシップとは、役割ではなく活動である。リーダーの役割とは、他のリーダーの成長を手助けすることである。**

　従来の組織では、トレーニングや育成活動をアウトソーシングすることがよくありますが、知識経済において上手くいくかどうかは、社員の誰もがそれぞれに新しい知識やスキルを身につけられるかどうかに大きく左右されます。アジャイルリーダーは、知的資本を管理するスキルをどのようにチームに組み込むことができるかを自問したほうがよいです。ますます多くのスキルを持った人材が転職していく状況では、知的資本を効果的に管理する方法を理解している雇用主が競争上の優位性を持ち合わせているのです[7]。触媒的リーダーシップスタイル（第5章で説明し、図5.2で図示したものを参照のこと）は、知識共有と創造性の文化に貢献できるリーダーを引きつける可能性が高いのです。

　自己組織化しているチームに依存する組織では、プロフェッショナルはしばしば、新しいスキルを学び続ける過程に投資する必要があります[8]。これについてよくある例えは樹木です。幹はその人がこの学びの過程で必要とする共通知識を表しています。枝や葉は、その人のキャリアの中での変化し続ける専門分野や独自のスキルを表しています。

　図6.3は、アジャイルな環境で求められるよくあるいくつかのスキルを示しています。この図が示すように、役割によって必要とされるスキルは異なります。組織には、社員がこれらのスキルのトレーニングを受ける機会を提供する必

---

[7] https://hrexecutive.com/one-in-4-workers-plans-to-quit-post-pandemic/を参照のこと。
[8] https://link.springer.com/chapter/10.1007/978-3-319-28868-0_10/を参照のこと。

アジャイル組織の育成と成長 121

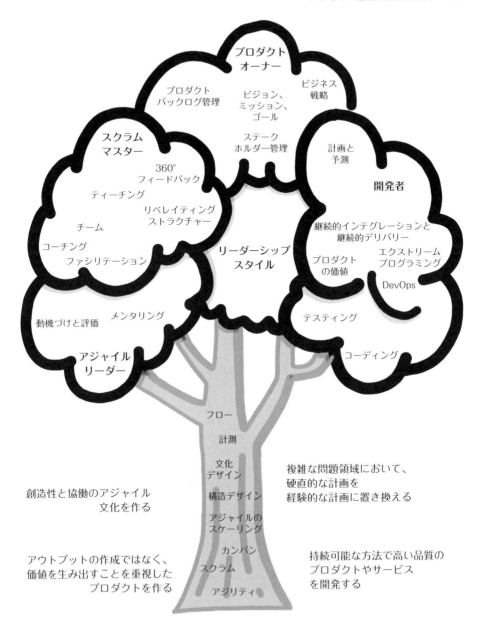

図 6.3: アジャイルな環境で求められるスキルの例

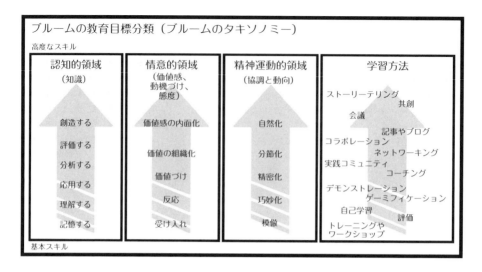

図 6.4: ブルームの教育目標分類（ブルームのタキソノミー）は、考案した教育者委員会の議長を務めた Benjamin Bloom に因んで名づけられた

要があるだけでなく、リーダーには、社員がこれらのスキルを実践し、習得し、エキスパートになるための機会を提供する必要があるのです。

図 6.4 は、教育者が学習方法をデザインするために用いるモデルの概要です。ほとんどの組織は基本的な学習方法を適用していますが、より高度なレベルのスキルに繋がる学習方法にはあまり目を向けていません。より高度な学習方法を適用するように社員を促す組織や組織のリーダーは、チームの自己組織化能力を高め、新しいスキルを迅速に学ぶことを望むものです。

> ### マルチタスクの迷信
>
> この時点で、アジャイルチームは、スペシャリストや「エキスパート」を待たなければならないことで悪影響を受けることはないのではないかという意見も出るでしょう。それは、待っている間にいつでも他のことに取り組むことができるからだという意見です。また、このような意見の人たちは、社員が複数のチームのメンバーになることで、この問題は解決するのではないかとも意見するでしょう。なぜなら、あるチームに所属するメンバーが「待

ちぼうけ」になったとしても、別のチームで作業をすればよいだけだからです。

これらの考えはどちらも無駄に繋がります。

チーム全体が待ちぼうけの状態に陥っている場合、他の作業に集中するということは、たいていは、チームメンバーが最も重要なことに取り組めていないことを意味しています。そのチームは、スペシャリストの助けを得られたときに、それまで価値のないことに取り組んでいたことに気がつくかもしれません。少なくとも、ゴールを達成するために最も重要だと決定したことに取り組むのが遅くなります。

メンバーが複数のチームに所属している場合、コンテキストの切り替えにコストがかかることになります。ひとつのタスクを開始し、それを傍に置いて別のタスクを取り上げるたびに、その人は一度中断したタスクを思い出さなければならないため、そのぶん、時間を失うことになるのです。また、会議の回数は2倍になり、優先順位、ツール、ワーキングアグリーメントが相反したりなど、そのコストについても考えてみる必要があるでしょう。割り込みタスクについても同様のことがいえます。割り込みタスクが入るたびに、集中力を取り戻す時間が必要となるため、生産性が低下することになります[9]。

アジャイルリーダーは、割り込みやタスクの切り替えを可能な限り減らすことで、チームの集中力を高められるように尽力すべきです。そのための重要な方法のひとつとは、アジャイルチームの職能横断性を向上させ、外部からの助けを借りてスキルのギャップを埋めることで、チームが順番待ちしなくても済むことなのです。

サイロ化ではなく、チームとリーダーシップを評価する

STORY

スペシャリストが「実務者」からコーチ、指南役、メンターへと移行するのを支援するために、ドリーンは、これらのスペシャリストを率いる管理職にも焦点を変えてもらう必要があることに気づいています。そのために、彼女は経営幹部

---

[9] 割り込みにおけるコストについて詳しくは、https://www.washingtonpost.com/news/inspired-life/wp/2015/06/01/interruptions-at-work-can-cost-you-up-to-6-hours-a-day-heres-how-to-avoid-them/を参照のこと。

会議で経営陣の評価方法を変更すると発表します。

これまで経営陣や管理職は、それぞれの部門での重要な取り組みが実行できたかどうかによって評価されていました。アジャイルチームは、職能横断的であるため、部門ごとの取り組みはもはや意味をなしません。その代わりに、ドリーンは、アジャイルチームの能力の向上にどのように貢献したかに基づいて、経営陣や管理職を評価することを計画しています。

結果は、ドリーンにとっては残念でなりませんが、予想どおりになります。ニックは最も声高に反対するひとりであり、他の多くの経営陣の考えを代弁しています。

ニック「アジャイルチームに参加したことによって、私たちのために働いてくれた多くの人がすでに辞めていっています。今後は、私たちに何も報告しないチームのパフォーマンスについての責任を私たちに負わせたいのですか？　私には、入院患者が精神科病院を運営しているような、よくないマネジメントにすべて思えるのですが。」

ドリーンは、ニックの話が終わったことを確認し、誰かが発言するのを待ちます。しかし、彼らは黙って、ドリーンがどう反応するのかと様子見をしています。

ドリーン「ニックさん、私たちの組織がある種の精神科病院のようなものだと言ったつもりはなかったと思いますが。」

ドリーンは、微笑みながら発言することで、不快感を紛らわそうとします。そして話し続けます。

ドリーン「職能横断的な自己管理チームに移行をし始めてから、チームが素晴らしい成果を上げているのを見てきましたよね。以前に最も率直な批判をした人たちが廊下にいた私に、この半年間はキャリアの中で最もプロフェッショナルとしてやり甲斐のある時間でしたと言ってきました。私たちは、これまで見たこともないようなチームの真のコミットメントとエンゲージメントを目の当たりにしていますよね。それを捨てて、以前のやり方に戻りたいとは、私は思いません。」

ドリーンは、ひと呼吸を置き、反応を伺います。多くの経営陣が同意しているようにみえます。ニックでさえ、このことにはしぶしぶ同意しているようです。ドリーンは続けて話します。

ドリーン「みなさんは自分たちを過小評価しているのではないでしょうか。みなさんはそれぞれチームと分かち合える素晴らしい経験と視点を持っています。みなさんは素晴らしい成功を収めてきていて、私たちはみなさんのような人材をもっと必要としているのです。他の人たちの成長を手助けすることが、みなさんがこの会社にできる最大の貢献なのです。今、社歴上の重要な転換点にいます。

私たちが生き残り、発展する唯一の方法は、チームメンバー全員の活力、創造性、情熱をゴール達成に向けることです。」

　ドリーン「私がみなさんにお願いしているのは、チームを成長させることです。チームの意思決定能力に課題があるならば、それを伸ばす手助けをしてください。妨害を取り除くのに支援が必要なら、そのための支援をして、次からはチームでできるように手助けしてください。みんなで協力してやるべきことはたくさんあります。それは私たちも同じです。」

　ドリーンは一旦反応を待ちます。ニックが以前のやり方に戻すようにと主張し続けるだろうと覚悟をしていましたが、彼の発言にドリーンは驚くことになります。ニックは少し間を置き、表情を和らげて話し始めます。

　ニック「先ほどはあのような反応をしてしまい申し訳ありませんでした。このような変化があまりにも急速に訪れて、圧倒されないようにするのは難しいですね。私はどう手伝えばよいですか？　どうすれば、お互いに助け合えるのでしょうか？」

　管理職の中には、他者を指揮することで得られる地位を手放すことが難しい人もいます。シニアリーダーは、リーダーの影響力が直接的にマネジメントチェーンや正式な権限をはるかに超えて広がっていることを**組織全体**に理解させることで、組織の文化を微妙に変化させることができるのです。導くことは、管理することとは異なります。特にリーダーが生み出すことのできる潜在的なプラスの影響において違いが出てきます。

　このケーススタディでは、ドリーンは管理職の評価のあり方を意識的に変えています。リーダーが他者の学びと成長を支援することで作り出す価値を明示的に意識するようにしているのです。従来のマネジメントには、プロフェッショナルとしての成長という側面が常にあります。しかしそれでは、管理職の個人としての貢献を重視する傾向にあり、より効果的に他者を支援することによって増幅される間接的な貢献が重視されていません。

　この移行期には、自分の権限、ひいては地位が損なわれていると感じる管理職もいるでしょう。過小評価をされていると感じるかもしれません。中には、辞める人もいるかもしれません。しかし、指南役、コーチ、メンターとしての新たな責任を受け入れた人たちは、自身が支援する人たちの力によって、達成できる組織の結果に影響を与える能力が何倍にもなっていることに気づくことになります。

私たちの多くは、個人を重視する文化の中で過ごし仕事をしていますが、実際には（どんなに有能な人であっても）誰も他者の助けなしには多くのことを成し遂げることはできないのです。世界によい影響を与えることができるかどうかは、他者とチームを組成し、成し遂げることができるかどうかにかかっているのです。アジャイルチームを組成し、学び、成長するための場を作ることで、結果として、アジャイルリーダーはリーダーシップを発揮できるようになります。アジャイルチームには支援が必要です。しかし、おそらくもっと重要なのは、本当のサーバントリーダーシップがどのように機能するのかといったよいお手本がアジャイルチームには必要なのです。

> **本当のサーバントリーダーシップがどう機能するのか、アジャイルチームはよいお手本を必要としている**

組織構造を固定する昇進制度

　組織はこれまで優れたパフォーマンスに対する組織の人たちへの報酬のひとつの手段として昇進を活用してきました。昇進は通常、地位の向上と報酬額の増加をもたらします。また、昇進は組織を特定の階層構造で固定する傾向があります。そのため、職務内容が変わったとしても、この階層構造を変更するのは困難になります。

　ケーススタディでは、ニックがエンジニアリング部門の責任者であり、これまではすべての開発者がニックの組織に所属していました。リライアブル・エナジー社は、職能横断的なチームを採用しているため、必ずしも開発者ではない多くの人が開発スキルを持っている可能性があります。組織の人たちが多様なスキルを身につけるにつれて、以前の組織構造は組織のニーズに合わなくなってきたのです。これは、エンジニアリング部門のすべての元管理職の階層内での対立を引き起こすものです。

　より柔軟なモデルとは、共通のニーズを持った顧客グループに対して、一連のアウトカムを提供することにチームを集中させるものだと言えます。顧客のニーズが変われば、チームもそれに合わせて変わる可能性があるのです。しかし、このようなチームが機能する組織はかなりフラットです。多くのマネジメントの階

組織構造を固定する昇進制度　　127

層を必要としません。チームが自己管理する能力を身につけると、昇進という報酬の機会が少なくなります。これは、キャリアや組織における進歩という概念全体の観点からは、多少の危機を引き起こしかねません。

　昇進の機会がなければ、組織は社員に対する評価とやる気を起こさせる別の方法を見つけなければなりません。主な方法としては、意味のあるゴールを設定することです。これにより、社員に大きな目的意識を与え、そのゴールを達成する方法について社員の自主性を高め、熟達とプロ意識を認識させることとなるのです。社員は、自分の貢献に対して正当な報酬が支払われていると感じる必要がありますが、知識労働に従事するほとんどのプロフェッショナルはそれ以上に内発的な報酬を求めています。リーダーにとっては、チームのパフォーマンスと効果性の向上に貢献した実績に基づく評価が、自分たちの貢献を認識するよりよい方法となります。

ボーナスについてはどうか？

　自己管理チームが継続的に複雑な問題を解決する領域では、ボーナスは組織の人たちに報いる効果的な方法ではありません。複雑な仕事という性質上、組織が将来を予測できないため、ボーナスの目標を設定することは不可能です。事実、複雑な仕事をするチームにとって、ボーナスは逆効果になります。

　リーダーとして重要なのは、社員が常に会社にとって最善なことに集中できるようにすることなのです。誤った前提に基づいて一年前に設定したボーナスの目標に向かって働くのではないのです。優秀な人材を採用し、平均以上の給与を支払うことで、恣意的な基準によるボーナスの目標ではなく目の前の仕事に集中できるようにするのです。

　組織の人たちの貢献に対して報酬を与えたいのであれば、チームが生み出した利益の一部を共有するチームベースの報酬のほうが理にかなっています。あるいは、Netflix のように、スキルを持った人に対して市場レートよりも高い給与を支払い、最初からボーナスという茶番を放棄すればよいのです[10]。

---

[10] Reed Hastings（Netflix の最高経営責任者）と Erin Meyer は、著書『NO RULES：世界一「自由」な会社、NETFLIX』（リード・ヘイスティングス 著、エリン・メイヤー 著、土方奈美 訳、日経 BP 日本経済新聞出版本部、2020 年）において、Netflix が競争相手に先んじてイノベーションを起こし続けるために、ボーナス制度のような従来の仕組みをどのように、そしてなぜ捨てたのかを解説している。

パフォーマンス評価はなくならないが、劇的に変化する

　アジャイル組織では、個人のパフォーマンスを評価することがなくなるわけではありません。むしろ、管理職の意見ではなく、同僚のチームメンバーの認識に基づいて評価することになるはずです。実際、従来の年次パフォーマンス評価プロセスはとても広く、正当に批判されているため、これが廃止されても誰も困らないはずなのです[11]。

　実際に一緒に仕事をしていない人からのまれなフィードバックに頼るのではなく、アジャイル組織では、社員のチームメンバーや他の同僚たちからの頻繁な（つまり、四半期またはそれ以上の頻度での）フィードバックに移行しています。よく用いられるアプローチのひとつは、360度フィードバックセッション[12]です。このようなセッションの重要な側面とは、特定の出来事に近いフィードバックを行うために頻繁であること、そしてパフォーマンスについてバランスの取れた見方をするために、少なくとも複数の違った視点を盛り込むことです。

　360度フィードバックの目的は、個人とチームを改善するためのインプットとして活用することにあります。チームメンバーが正直で建設的なフィードバックをするためには、心理的安全性が前提条件となります。アジャイルリーダーは、この目的を達成するための前提条件を設定します。

　以下の例は、著者たちが360度評価でチームをどのように支援したかを示しています。どちらの例も、メンバー同士が高い信頼関係を築いているチームのリーダーによってフィードバックが収集されています。この関係性に基づいて、チームリーダーはプロセスを促進し、フィードバックをするだけでなく、他のチームメンバーからもフィードバックを受け取るのです。これらのチームリーダーが360度フィードバックセッションを促進し、お互いから学び、ファシリテーションスキルの向上を支援するのが著者たちの役割です。

---

[11] 従来のパフォーマンス評価に対する広範囲な不満については、https://www.gallup.com/workplace/249332/harm-good-truth-performance-reviews.aspx を参照のこと。

[12] この方法の詳細については、https://evolutionaryleadership.nl/leadership/360-feedback/（今後公開予定の記事）を参照のこと。

アプリを用いたアンケートによってフィードバックを収集する

　フィードバックが安全な場所で個人的な改善に活用されるようにするには、報酬を期待させる動きから切り離さなければなりません。フィードバックを収集するために、（チームリーダーなどの）中立的な評価者や上下関係にない評価者とチームメンバーのみがアクセスできるアプリを用いることは、中立的かつ匿名性のある方法であり、このようなフィードバックを得るひとつの方法です。私たちの実験では、次のようなパターンがありました。

- それぞれのフィードバックセッションでは、内省も行われ、チームメンバー全員に対してインプットされます。内省とチームフィードバックの違いは、個人の成長のための興味深いインサイトを生み出します。
- 心理的安全性が確立しているチームでは、フィードバックが集められ、グループとして共有されます。心理的安全性がまだ確立できていないチームでは、個人セッションと匿名のインプットによって、より安全に始めていきます。
- フィードバックの仕組みでは、いくつかの（カスタマイズが可能な）基準を確認するようにします。例えば、優れたチームプレイヤーであること、個人の価値観、チームの多様性などが基準となります。

　図 6.5 は、ある個人に対する架空のフィードバックセッションの結果です。

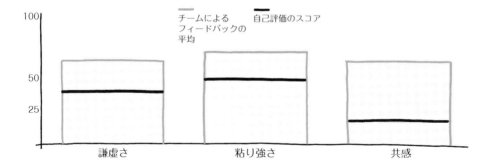

図 6.5: 360 度フィードバックセッションの例：内省とチームメンバーからのフィードバックを組み合わせることで、プロフェッショナルとして成長する絶好の機会を見出すことに繋げる

チームのフィードバック平均は棒グラフで示したもので、個人の自己評価が線で重ねられています。チームの平均と個人の自己評価の差分が、本人とその差を話し合うための土台となります。

「ゲーム」することによってフィードバックを収集する

チームによって、360度フィードバックを促進するもうひとつの方法は、フィードバックプロセスをゲーム化することです。著者たちは、図6.6のように、チームがフィードバックプロセスを進めるのに役立つカードゲーム[13]を開発しました。

・心理的安全性がまだ確立していないチームは、資質に基づいたフィードバックを提供し合います。
・心理的安全性が確立されているチームは、ゆがみや課題のカードを加えます。

このカードゲームから得られるインサイトは、多くのチームとメンバーが自分たちの課題や対立を発見し、それらを解決するのに役立っています。図6.6の例は、このフィードバックセッションの結果です。

---

[13] このゲームの詳細は、https://evolutionaryleadership.nl/leadership/core-qualities/を参照のこと。

パフォーマンス評価はなくならないが、劇的に変化する　131

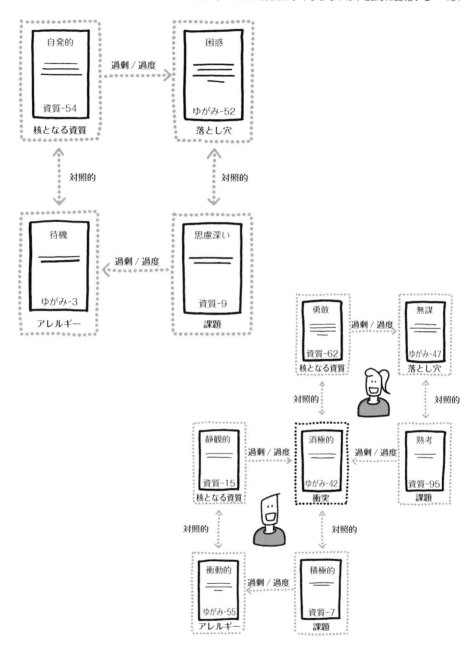

図 6.6: 核となる資質のカードを使ったゲームによる 360 度フィードバックセッションの例

ここまでのふりかえり

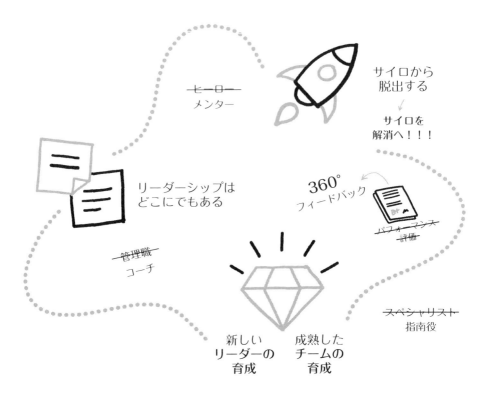

　チームの学びと成長を支援するには、リーダーがこれまでとは異なる方法で取り組む必要があると同時に、自分のことをリーダーだと思っていない人たちにも、自身のリーダーシップスキルを身につけてもらう必要があります。従来の管理職は、仕事を管理したり監督したりすることから、チームをコーチングしたり、チームが新しい仕事のやり方を学ぶのを支援したりすることに焦点を移していくことで、管理職自身のアジャイルリーダーシップスキルを高めていきます。

　これまで、専門的な技術スキルを身につけることに専念してきたチームメンバーは、リーダーシップのスキルも成長させることができるのです。そのためには、これらのスキルを持つ人が増えることでチームが恩恵を受ける状況があり、その中で、仲間であるチームメンバーがスキルを学び、これらのスキルを適用するのを支援することになります。これは、自分たちが扱える希少なスキルによっ

て差別化を図ろうとする「サイロ化した」組織にいる場合の行動とは正反対になります。

　従来の管理職も、個人のパフォーマンス評価をやめて、360度パフォーマンスフィードバックを用いてチームがメンバーの貢献に対して評価できるようにすることで、アジャイルリーダーシップのスキルを高めています。ほとんどの管理職がそうでないとしても、多くの管理職はこの方法を解放的だと感じることでしょう。なぜなら、個人の仕事のパフォーマンスを直接観測する機会がほとんどない場合、管理職は個人のパフォーマンスを評価する必要がなくなるからです。

第7章
組織との整合性

　チームごとに、あるいはプロダクトごとにアジリティが高まるにつれて、組織がアジャイルへの移行に完全にコミットしなければならないか、以前の取り組み方に逆戻りしたいのかを選ばなければならなくなります。組織は、アジャイルと従来のやり方の2つの異なるオペレーティングモデルを共存させながら、長い間続けることもできます。しかし、この2つのモデルは互換性がなく、正反対のものであるため永続的に維持することはできません。両者は相容れず、正反対の文化を生み出し、正反対の文化を求めてしまいます。最終的には、どちらかの文化が勝つことになります。

　　自己管理チームの恩恵を受けない組織などないため、「デュアルオペ
　　レーティングシステム」アプローチ[*1] は間違った二分法である。課題
　　は自己管理を始めたばかりのチームの学びと成長を支援することだ。

　著者たちのコンサルティングにおいて、組織がアジャイルになるようにと試みたものの、「上手くいかなかった」と言っていた、たくさんの経営陣に会いました。著者たちがこれらの組織を訪問すると、彼らがアジャイルなアプローチを適用した形跡すらほとんどありませんでした。彼らはアジリティを追求したことすらない組織と同じように、従来のやり方にとらわれているように見えました。
　経営陣が「アジャイルは上手くいかなかった」と言っている場合は、本当は彼らの組織がアジャイルによる変化を伴う厳しい現実に立ち向かおうとしなかったということなのです。アジャイルへの移行には、勝者と敗者が存在します。この

[*1] 詳しくは、https://hbr.org/2012/11/accelerate を参照のこと。

ことを認めなければ、変わることがより難しくなります。

　この課題は、組織のアジャイルへの成長過程において予測可能な場面で出てくるため、これまでの章でもこの課題の側面に触れてきました。この章では、より焦点を絞ってこの話題に再び話を戻します。組織がアジリティの価値を自ら証明し、アジャイルの能力を高めていくにつれて、選択をしなければならないときがくるでしょう。この章では、その選択を行うことについて説明します。

　リーダーにとって、この変革の本質とは闘争的リーダーシップスタイルや迎合的リーダーシップスタイルを取り除き、競争的リーダーシップスタイルを持つ人たちが触媒的リーダーシップスタイルを身につけるのを支援することにあります。組織のリーダーが闘争的、迎合的、競争的リーダーシップスタイルに固執している限りは、その組織でアジャイルの潜在能力を完全に発揮することはありません。

オペレーティングモデルの進化

STORY

　その後の半年で、当初と同じように、新しいやり方で取り組みたい人たちを見つけて、チームとしてまとまるように支援することで、リライアブル・エナジー社はいくつかの新しい自己管理チームを立ち上げます。これらのチームの士気は高く、彼らが生み出す結果には、新しいチームメンバーでさえ驚くことがあります。

　これらのチームが上手くいくことで、別の問題が発生します。かつてはアジャイルセルであったものが、今では徐々に主流になりつつあるのです。組織の既存の部門にいる社員の中には、組織のこの新しいチームが注目され、可視化されることに不満と憤りを感じている人もいます。その中には、変化の必要性を感じておらず、パフォーマンスも低く、今までとは別のアプローチが必要だという示唆に対して憤りを感じている人もいるのです。新しい方法で仕事をしてみたいと思っている社員たちの中には、管理職から新しいチームに参加することを妨げられるのではないかと不満を募らせている人もいます。

　従来の組織における管理職も不満を持っています。複数の上級管理職がドリーンのもとへ相談にきており、優秀な社員の何人かがアジャイルチームへの参加を許されたことで、既存のプロダクトやサービスをサポートする従来の管理職が、

同じ仕事量を少ない人数で回さねばならなくなったことに不満を示しているのです。しかし、この背景として、自分たちが管理している職能が徐々にアジャイルチーム自体に引き継がれていることに不安を感じている管理職がおり、彼らは自分たちのキャリアがどこに向かっているのかわからなくなっているのです。

　ドリーンは疲弊しています。彼女はアジャイルのアプローチに移行することは適切なことだと考えています。アジャイルチームメンバーの士気と、彼らが生み出している結果が彼女の適切さを証明しているからです。しかし、アジャイル組織に対する従来の組織の絶え間ない抵抗に、彼女は疲れてしまったのです。ある日、ドリーンはナゲッシュにこの課題を相談します。

　ドリーン「これまでより上手くいくことはあるのでしょうか？」

　ナゲッシュは返事をします。

　ナゲッシュ「**何が**これまでより上手くいくということですか？」

　ドリーンは詳しく話します。

　ドリーン「変化ですね。組織では、どこかが、別のどこかを犠牲にしてしまうようなことをなくせないものでしょうか？」

　ドリーンは、弱々しく微笑んでいます。しかし、ナゲッシュはドリーンがどれだけ疲弊しているのかわかっています。

　ナゲッシュは少し時間を置いて冗談で返そうとしますが、ドリーンが真剣であることがわかります。

　ナゲッシュ「このデュアルオペレーティングモデルを永続的に維持できる組織はありませんよ。アジャイルなモデルでは、従来の組織の根幹を脅かすことになります。従来の組織とは専門特化したサイロの上に成り立っていますからね。この専門特化が**縄張り争い**を生み出しているのです。組織の階層はスペシャリストを管理するためだけにあるのではなくて、階層が尊重され、守られるために存在しているのです。」

　ドリーンはしばらく考えてから言います。

　ドリーン「それはどういう意味ですか？」

　ナゲッシュが返答します。

　ナゲッシュ「では、マーケティングを例に挙げてみましょうか。マーケティング部門は、組織が発信するメッセージに一貫性を持たせたいと考えるものですよね。これはある程度はよいことです。社内の誰もが独自にメッセージを発信してしまうことは避けたいからです。でも……。」

　ナゲッシュは一旦ためを作り、続けます。

　ナゲッシュ「顧客と話す必要があるたびに、マーケティングの承認を得ないといけないとしたら、イノベーションの能力は低下してしまいます。」

ドリーンはうなずきます。

ドリーン「でも、だからこそ、私たちはそれぞれのチームにマーケティングの専門知識を持たせることで、あらゆる顧客との対話で、メッセージをよりよくするようにしていますよね。」

ナゲッシュは同意し、さらに補足をします。

ナゲッシュ「ええ、でも以前のマーケティング部門の人たちは、取り残されていると感じているでしょうね。そして今も、彼らはそう感じているのではないでしょうか。私たちは彼らのミッションを奪い、彼らが管理すべきものは何もなくなってしまいました。特に管理職は自分のキャリアが目の前で崩れていくのを目の当たりにしていますし。」

ナゲッシュが続けます。

ナゲッシュ「解決策は、自己管理チームへの移行をさらに促すことです。チームが常に必要としていないスキルを持つ人には、チームのコーチやメンターになってもらうのです。他の人を育成するようなゴールを与えて、人々やチームの成長への貢献を讃えましょう。」

変化は直接的かつ明確に

第5章で述べた変化が組織全体に浸透するには長い時間がかかります。最終的には、以前の組織の大部分は解体しなければなりません。しかし、アジャイルチームが仕事を実際に引き受けるより前に解体してしまえば、組織は失敗することになるでしょう。管理すべき可動部分は多く、取り組みは繊細なのです（図7.1）。

このプロセスの要素は、概念的には単純です。

- ある顧客グループに対してひとつ以上のアウトカムをもたらす複雑なプロダクトあるいはサービスに責任を持つチームの組成を、組織は支援します。
- チームが支援を必要とするとき、チームに足りないスキルをチームに提供するスペシャリストのコーチとともに、組織はこのチームを支援します。時間をかけて、これらのスペシャリストがチームメンバーのスキル習得を手助けし、チームが外部からの支援を必要としないようにします。
- アジャイルチームに仕事が移るにつれて、従来の組織は縮小する必要があり

138　第 7 章 組織との整合性

ます。最終的に残るのは、組織の方向性と組織開発に焦点を当てた執行機能とコーチになる傾向があります。

　はじめは、アジャイルチームを支援するチーム外のスペシャリストは、従来の組織階層に所属することができます。実際に、移行の初期段階ではアジャイルチームが支援を受けるのを待つことがないように、より多くのスペシャリストが必要となる場合があります。しかし、アジャイルチームがより自律するにつれて、組織は専門的なスキルを持った人たちをそんなに多くは必要としなくなるも

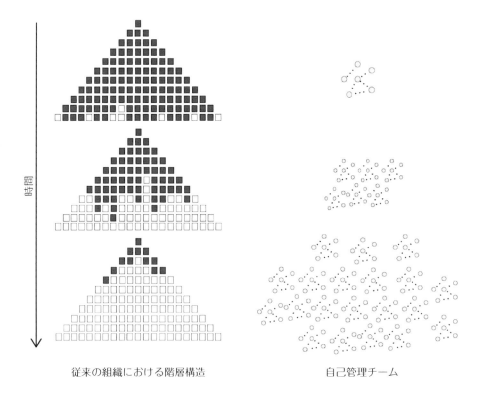

図 7.1: 時間をかけて、アジャイル組織は自己管理チームに責任と権限を委譲することで、階層を削減する必要がある[*2]

[*2] https://www.bbvaopenmind.com/en/articles/the-organization-of-the-future-a-new-model-for-a-faster-moving-world/（John P. Kotter による記事「The Organization of the Future: A New Model for a Faster-Moving World」）をもとに作成。

のです。その結果、専門的なスキルによるサイロの管理職の多くは必要ではなくなるでしょう。

　組織がアジャイルなやり方で仕事をすると決定したならば、アジャイルチームが組織の働き方と顧客価値の創造の中心となります。その他はすべて、アジャイルチームに貢献するものでなければならないことを明確にしなければなりません。職能横断的なチームで吸収できないような専門的なスキル分野については、コーチングや知識を移管するセンターに変えていくことができますが、チームがより自律できるように支援する方法を組織は常に探さなければなりません。

　アジャイルチームが「主流」になったあとでも存在する必要があるスキル分野と支援チームの例としては、雇用法のコンプライアンス、セキュリティ（物理的なものとサイバーの両方）、その他のコンプライアンス、契約、訴訟、損害補償などが挙げられます。専門的な支援が必要となるかもしれないスキル分野とは、アジャイルチームが頻繁に必要とするものではなく、通常のチームでは獲得するのに投資しないような（ときには資格が必要な）知識を必要とするものです。

自己管理チームの有機的な成長

　第2章では、関心のある人たちの自己組織化を支援することで、自己管理チームが組成される仕組について説明しました。自己管理チームの規模には上限があり、通常は9人程度であることを示唆しました。上限の理由は、チーム内のコミュニケーションネットワークの複雑さに関係しています。その複雑さとは、メンバーの数、信頼度、協働作業の性質によって異なります（表7.1）。

チームが大きくなりすぎたときの対処

　チームが大きくなりすぎてチームの効果性が失われ始めると、組織はチームを分割するためにいくつかの戦略を試みようとします（表7.2）。

依存性を取り除くことによるアジリティのスケーリング

　多くの組織が、アジリティをどのようにスケーリングすればよいのか悩んでい

表 7.1: チーム内のコミュニケーションネットワークの複雑さとチーム規模の上限

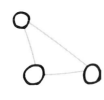	顧客価値を作り始めたばかりの小さなチーム。MVP[*3] を作るのに十分な人数がいます。 このチームには、マーケティング、財務、運用、セキュリティなど、頻繁には必要とされないスキルを持つ人材が足りないかもしれませんが、組織の他の部門からこれらのスキルを得ることができます。ただし、これらのスキルを持つ人材の支援を待つ必要がないのであればです。
	顧客にとって価値のあるアウトカムを生み出すために必要なスキルをすべて備えた中規模から大規模のチーム。 このチームは現在の顧客に対して十分に対応できていますが、顧客基盤を拡大するアウトカムを提供することで、成長の機会を見つけられるかもしれません。
	チームの規模が大きくなりすぎると、チーム内部のコミュニケーションネットワークが複雑になりすぎて、チームが迅速かつ効果的に機能しなくなる可能性があります。ときには、メンバー同士の繋がりが強まることで、チームのサブカルチャーやサブグループの形成に繋がり、チームの結束力やコミュニケーションに悪影響が出る可能性があります。

ます。ひとつのチームがアジャイルになる方法は理解していたとしても、組織では（少なくとも今日とられている方法においては）多くのチームによる作業が求められるプロダクトやサービスを作り出しているからです。組織は他の方法を知らないため、アジリティをスケーリングするには、複数のアジャイルチームの作業を同期させるための監督や調整の機構の追加が必要だと考えます。

このような組織に監督や調整の機構が加わると、監督や調整が押しつけられるにつれて、自己管理チームが発揮するアジリティが徐々に失われていくことがわかります。外部からの監督や調整によって自己管理が潰されてしまうのです。それぞれのチームの責任が狭まり、断片化されるにつれて、チームが実際の顧客アウトカムを提供しなくなり、実際の顧客からのフィードバックに基づいて検査し、適応させることができないコンポーネントチームに似た状況になるのです。

[*3] （訳者注）実用最小限の製品（Minimum Viable Product）。実用するために最小限の機能を備えたプロダクトのことで、初期の顧客を満足させ、将来のプロダクト開発に役立つフィードバックを得るために作られるバージョンを指す。

表 7.2: チームが大きくなりすぎて効果的でなくなった場合のチーム分割戦略

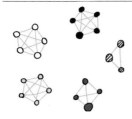

チームを分割する方法のひとつとしてよくあるのは、ソリューション全体をそれぞれのコンポーネントごとにチーム編成し、それを統合チームがまとめる方法です。例えば、リライアブル・エナジー社のような会社の場合、これらのコンポーネントはそれぞれビジネスの異なる機能分野に焦点が当たるかもしれません。例えば、以下のようになります。

・顧客への請求
・ネットワークの保守と監視
・発電
・カスタマーサービス

他の組織形態、特に金融機関のように物理的なプロダクトを作っていない組織では、スキル分野によって組織化されることが多いです。例えば、以下のようになります。

・マーケティング
・法務
・ユーザーエクスペリエンス
・プロダクト開発
・運用
・セキュリティ

このような構成の利点は、それぞれのチームのメンバーが同じような種類の作業をすることによって、コラボレーションが図りやすくなることです。

このような構成の主な欠点は、どのチームも顧客と親和性がなく、どのチームも顧客に価値を提供する責任を負わないことです。価値を提供するためにはお互いに協力し合う必要があるため、何かを提供するのに非常に長い時間がかかることが多くなります。さらに、実際に誰も価値に対して責任を負わないため、結果を改善するための自己管理する能力が欠如するのが一般的です。

この組織パターンが、従来の組織が経験する多くの問題を生み出す組織的なサイロ化の土台となっているのです。

（次ページにつづく）

表 7.2（つづき）

　よりよい分割方法は、大きなチームを特定の顧客アウトカムに合わせてより小さいチームにすることです。それぞれのより小さいチームには、アイデアから実際の顧客が受ける恩恵まで、ひとつ以上の特定のアウトカムを提供するのに必要なすべてのメンバーとスキルを持ち合わせるようにします。このモデルは、機能（フィーチャー）が独立した顧客価値を作り続けることを前提としたときには、**フィーチャーチーム**モデルと呼ぶことがあります。

　このチーム分割の方法は、他のチームへの依存を取り除くことができる場合に特に効果的です。これによりそれぞれのチームは顧客アウトカムを向上させるために独立して行動できるようになるからです。例えば、リライアブル・エナジー社のような電力会社の組織では、次のようなチームが考えられます。

- 蓄電池を提供する
- オープンな市場で顧客が電力を売買できるようにする
- 安全なマイクログリッドを構築し提供する
- 電気自動車事業者の充電ニーズに対応する

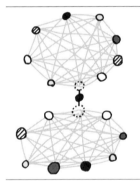

　チーム間での依存関係を完全には取り除くことができず、特定の顧客アウトカムを提供するために複数のチームが協力する必要がある場合、チームは活動を調整するために余計な労力をかけなければなりません。

　この図では、ひとりの人（例えば、スクラムにおけるプロダクトオーナー）が両方のチームに対して同じ役割を担い、それぞれのチームの取り組みがより大きなゴールの達成に貢献するように支援する状況を示しています。これにより、最適な明確さと整合性が保証され、余計なコミュニケーションが最小限に抑えられます。

　そしてすぐに、「スケーリングした」アジャイル組織が、置き換えられるはずであった以前の組織と同じように見え、同じような働き方をしてしまうのです。

　　外部からの監督や調整は、自己管理を潰す

　アジリティをスケーリングしたければ、依存関係を取り除かなければなりません。これらの依存関係にはいくつかの形式があります。

- **スキル依存**は、アジャイルチームが価値ある有用なプロダクトやサービスを

積み上げて提供するために必要となるスキルをすべて持ち合わせていない場合に起きるものです。この問題は、第 6 章で説明した実践方法によって解決できます。この実践方法では、アジャイルチームが必要とするときに、不足している専門スキルを持った人たちをいつでも活用できるようにします。これらのスペシャリストが持っているスキルがチームの中に必要だとチームが感じた場合は、アジャイルチームのメンバーがスキルを身につけられるよう、スペシャリストは支援するコーチとして機能することができるのです。

・**プロダクト依存**は、プロダクトやサービスが単一のチームで提供するには大きすぎて複雑すぎる場合に起きるものです。この問題は、プロダクトやサービスをより小さなプロダクトやサービスに分割することによって解決できます。それぞれのプロダクトやサービスは、より小さなグループの人たちのために特化した価値あるアウトカムを提供します。これらは、単一のチームによって提供されることになります。この実践方法については、第 2 章で簡単に説明しました。

・**チーム横断的な依存**は、上述した 2 つの形式の依存関係を完全に取り除くことができない場合に存在します。これらに対処することは本書の範囲外です。シリーズの別の書籍 *"The Nexus Framework for Scaling Scrum: Continuously Delivering an Integrated Product with Multiple Scrum Teams"*（Addision-Wesley Professional）で取り上げられています。

説明したこれらの依存関係を取り除くことで、アジャイルチームは、フィードバックに基づいて漸進的かつ経験的に価値を提供するという、本来の役割を果たすことができるようになります。従来の管理監督や調整プラクティスに固執することは、スケーリングの問題を複雑にするだけです。

支持の結集と反対勢力の排除

どのような変化であったとしても、恩恵を受けて上手くいく人たちもいれば、影響力を失う人たちもいます。失うものが最も多いのは、以前の仕組みから恩恵を受けていた人たちになります。これらの人たちが新しい組織で新しい目的を見出せなかった場合、彼らは変化への阻害要因となるかもしれません。これらの阻

144 第7章 組織との整合性

害要因は、消極的な不支持から、明確で強硬な反対まで多岐にわたります。組織にとって恩恵が受けられることが明らかであったとしても、失うものがある人たちがより大きな恩恵のために、素直に変化を受け入れるとは期待しないでください。

摩擦を予想し、受け入れ、奨励する

STORY

　仕事が従来の組織からアジャイルチームに移行し続けると、従来の組織は空洞化していきます。アジャイルチームがより多くの仕事を引き受け、自律性が高まることで、組織は仕事を監督する管理職をより減らしていくことになります。当初は管理職になる予定だった経験豊富な社員の一部の人たちは、自動テスト、自動デプロイ、専門知識を共有するための学習材料、これらに関連する改善など、チームの自律性をさらに高めるための改善に焦点を移すようになります。

　ドリーンは、ニックが組織内のコーチングスキル向上を目的としたワーキンググループに参加することを決めたと聞いて、すごく感激します。ニックは、経営陣の中で最初に、厳格な管理職としてのキャリアパスを超えて、組織における役割を成長させ続ける潜在的な機会に気づいたのです。他のリーダーたちも同様に機会に気づき、新しい貢献の仕方を見つけるために自己成長に向けて似た道をたどりました。

　ニックとドリーンは、新生リライアブル・エナジー社が今後必要とする管理職は少なくなるだろうと考えるようになりました。そして、どうやらこれを理解しているのは彼らだけではないようです。

　ある日、ドリーンにカールからメールが届きます。

　＊　　　＊　　　＊

　ドリーンさん、お疲れさまです。

　エナジー・ブリッジ社の買収以来、私は納得しかねる組織の変化を数多く目にしてきました。

　チームがプロセスや既定の報告ルートから逸脱することを許すことで、私たちが作り上げてきた規則を遵守しているかどうかを確認する方法がなくなりました。私のチームもアジャイルプラクティスを適用し始めたので、ミスを防ぐために私たちが作った手続きに彼らも反発し続けているのです。

　私のもとで素晴らしく活躍してくれていたプロジェクトマネージャーの何人か

は、最近になって退職しました。その理由は以下のとおりです。

1. 彼らが担っていた責任は、今やアジャイルチームの中の他の役割で担っています。
2. あなたが変更した経営幹部ボーナス制度によって、彼らがボーナスを手に入れることで成功を直接実感することが減りました。

　私がこの会社でキャリアを築き、PMO の責任者になるまでには、20 年かかりました。懸命に働き、メンバーを育て、彼らと粘り強くまっすぐに接しました。先週、PMO メンバーで会議をしました。エナジー・ブリッジ社を買収して以来、これらの実績がもはや重要ではなくなり、役割が名ばかりのものになったと私たち全員が感じています。

　つきましては、ここに辞表を提出します。私は、他社で働く機会を得ました。今月末でリライアブル・エナジー社を退職させていただきます。

　お世話になりました。

　カール

　　　*　　　*　　　*

　より多くのチームが自己管理を受け入れ、効果的になれば、組織での従来の管理職の必要性は薄れていくでしょう。抜け目のない管理職は、このことを恐れているわけですが、それには根拠がないわけではありません。組織で必要とする仕事は他にもありますが、アジャイル組織では、従来の管理職になりたい人がそうなる機会を見つけることはできないでしょう。そして他の場所で仕事を探す必要が出てくるでしょう。

**　より多くのチームが自己管理を受け入れ、効果的になると、組織での従来の管理職の必要性は薄れていくだろう**

　カールのメールは、従来の管理職の責任が変化することに対して、組織の中で、徐々に違和感が高まってきたことの表れのひとつです。カールのように、変化に反対し続ける人もいます。彼らは変化することを信じておらず、支持するつもりもありません。

　カールとのこのエピソードでは、ドリーンはミスを犯したように見えます。彼女はここまでの状況になることを予想できていませんでした。また、カールと積

極的に協力して円満な退職への道筋を立てることができませんでした。カールが退職することに後悔はありませんが、社内の違和感や対立を避けるために、もっと上手く対処できたかもしれません。

　組織の中には、何らかの理由で組織がとる方向性に反対した人たちを否定するという過ちを犯すところがあります。ときには、彼らの反対意見とは、建設的であり、それに対処することで実際に全体的な解決策を向上させることもあるのです。往々にして、以前の仕組みを擁護するのは、その仕組みを作り、過去に組織を成功へと導いた人たちなのです。彼らによる批判は多くの場合、妥当なポイントを明らかにするものです。したがって、プロフェッショナルとして彼らに敬意を示すことで、彼らの懸念事項を声に出し易くすべきなのです。

　しかし、彼らの懸念事項に対処したあとも反対し続けるようであれば、取り組みが上手くいかなくなります。このような場合は、丁重に会社から離れてもらう方法を見つけるのが最善となります。これは仕事上の礼儀にとどまらず、現実として理由があります。退職するリーダーを尊敬している人たちが組織には残っているからです。会社を去る人に対しても敬意を持って接していると感じることで、彼らはこの組織に残ろうとより思えるようになります。

> 反対意見に耳を傾けることは、信頼と透明性のある環境を築くための重要な要素であるが、問題が解決したあとは反対意見は置き去りにしなければならない

リーダーシップスタイルを意識し、行動する

　第5章では、闘争的、迎合的、競争的、触媒的という4つの異なるリーダーシップスタイルを紹介しました。組織を変えようとしているアジャイルリーダーにとっての課題は、闘争的リーダーシップスタイルや迎合的リーダーシップスタイルを取り除く一方で、競争的リーダーシップスタイルを持つ人が触媒的リーダーシップスタイルを採れるように支援することです。

　図5.1で示したように、闘争的リーダーシップスタイルや迎合的リーダーシップスタイルの人たちが、触媒的リーダーシップスタイルを採ることは非常に困難です。不可能ではありませんが、過去の成功の礎となったリーダーシップ特性の

多くを手放すには、多大な労力と意志が必要となるからです。著者たちの過去の経験によると、カールのようなこれら2つのリーダーシップスタイルを持つ人たちはたいてい組織を去ることを決めます。自発的に退職せず、変わろうともしないのであれば、退職を選択した場合の再就職を含めて、次のステップに進むための支援をしなければなりません。

> **人々を公平に扱うことは、アジャイルリーダーが信頼と透明性の文化を築くのに役立つ方法のひとつである**

競争的リーダーシップスタイルを持つ人は、そうすることで組織のパフォーマンスがより向上すると考えれば、自身のリーダーシップスタイルを進化させることができます。このタイプは、すべてが地位のための同僚との競争だとみなしがちなところを、手放さなければなりません。自分自身を成長させるためには、他者の成長を第一に考えることができなければならないのです。これには、非常に大きな考え方の転換が必要であり、多くの人はその転換に長い時間がかかります。このような人は、たいていどこかで「競争する」ことを自分で決定しているからです。

コーチやメンターとしての経験がある人は、触媒的リーダーシップスタイルを身につけることがとても自然なことであり、これらの過去の経験を土台にして能力を伸ばしていくことができます。また、他者が成長したり、発展していくのを見ることで、個人的にも仕事的にも満足感を味わうのも自然なことなのです。

だが不本意な摩擦には注意

変化とは不安なものです。組織の人たちは変化によるストレスをさまざまな反応で示してきます。変化が自分にどのような影響があるのかを理解していないと、最悪のシナリオを想像してしまい、ストレス過多な状況から逃げ出したくなります。それが、別の仕事を探さないといけないことになるとしてもです。たとえそれが根拠のない恐れによるものだったとしても、彼らの反応は、全く理に適ったものなのです。リーダーは、変化にはストレスが伴うことを認識しておく必要があります。変化について組織の人たちが言っていることに注意深く耳を傾け、彼らが**言っていないこと**にはさらに注意を払う必要があります。

リーダーは、決定した理由、結果の計測方法、軌道修正が必要な場合の適応の仕方を継続的に伝える必要があります。従来の組織の人たちは透明性の欠如に慣れているので、行動に裏づけられたリーダーの言葉を目の当たりにするまでは、リーダーの言うことを完全には信用しないものです。注意深く耳を傾け、観察することで、リーダーはコミュニケーションを改善し、透明性を高め、自分の言葉を実行に移すべきタイミングを見つけることができます。

著者たちのコンサルタントとしての経験では、自分たちの居場所がなくなったと感じたことで、優秀な人材は組織を去っていきます。チームメンバーが自分の居場所に適合でき、そこで上手くやれるように手助けすることで、リーダーはなくてはならない人材の離職を防ぐことができるのです。

ときには、最大の批判者が最大の味方になる

チームメンバーは変化に対して懐疑的で、組織が何をするにしても、常に粗探しをしているように見えることがときにはあるでしょう。このような人に対処することは、アジャイルリーダーが直面する最大の課題のひとつかもしれません。アジャイルリーダーを含め、誰もが批判を受けることは好みません。しかし、批判する人を単なるトラブルメーカーとして片づけてしまいたい衝動に打ち勝つ必要があります。批判は適切かもしれませんし、アジャイルリーダーが見ていない何かを見ているからこそかもしれません。

アジャイルリーダーは、自分の立場を支持する意見だけでなく、あらゆる視点の意見に耳を傾ける習慣を身につけなければなりません。組織の人たちは、ただ自分の意見を聞いてほしいだけということもあるため、多様な意見に対してオープンであると示すことは、透明性を促し、信頼を築くのに役立ちます。ときには批判する人が、誰もがよりよい決定を下すために役立つ独自の視点を持っていることもあるのです。また、意見だけではなく、データに裏づけられた異なる視点を持ち寄り、議論するためのコミュニケーションを身につけることは、誰にとっても有益です。

批判する人が自分を主張する機会を得たあとで、アジャイルリーダーはその批判の目的が単に混乱を引き起こすことなのかどうかを検討し始めるほうがよいです。対立を生み出すことで実際に成長する人もいますが、彼らに権限を持たせる

支持の結集と反対勢力の排除　149

のは誤りです。紙一重ではありますが、アジャイルリーダーは混乱を助長することなく、議論のためのオープンな機会を作る必要があるのです。建設的な批判は、その目的が実験で検証できる改善を生み出すことであれば、健全なものなのです。しかし、実験しようとする意志が欠けている場合、批判する人の意図は単に対立をあおることであり、リーダーはそれを阻止するために迅速に手を打つ必要が出てくるでしょう。

沈黙による破壊は、公然の反対よりもタチが悪い

　本当に問題なのは、表立って変化に反対する人たちではなく、変化に同調しているように見えながらも常に静かに、それでいてさりげなく抵抗する方法を探している人たちです。正直なところ、このような人たちは、自己管理チームを悪しき習慣あるいは単に無秩序な状態だと感じているかもしれません。そして、チームが未熟で、適切な支援やコーチングを十分に受けていないのであれば、そういった懐疑的な人たちが正しいでしょう。残念ながら、懸念されている状況は、懐疑的な人たちの行動や支援の欠如によって生まれているのです。

　リーダーとして、成熟した自己管理チームが結果を出し、組織が上手くいくために必要な反応性と創造性に溢れた社員のエンゲージメントを可能とする事実があるのであれば、アジリティへの支持が揺らぐことはありません。

　つまり、みなさんの会社でリーダーシップの役割を果たしている人は、自己管理チームの効果的な支持者でなければならないのです。組織が成功するには自己管理チームの支援が必要であるということを、そう思っていない人たちに理解させるための手助けをしなければならないかもしれません。この説得に失敗した場合、彼らは組織で居場所を失うことになるため組織から去ることになります。カールは自身でこの結論に至りましたが、そうでない場合は、この結論に至るまでの支援をする必要があるのです。

　リーダーシップの役割を担うほとんどの人は、とても知的で、政治的な判断に長けているものです。自分のゴールと組織のゴールが一致しないことがわかれば、前に進むべきだと気づくことになるでしょう。アジャイルリーダーは、その人の過去の貢献と将来のキャリアの可能性を尊重し、率直な言い方でこの問題に取り組むのが最善なのです。たとえ、それが別の組織でのキャリアであったとし

ても同様です。別の役割を見つけるためには、時間と支援が必要な場合があります。過去にトップクラスの貢献を組織に対して行ってくれたのであれば、彼らはこのような敬意を払われるに値するのです。

変化に同意しない人にとって最悪なのは、もう働きたくない場所に居続けることです。この場合はよくても、幸せではなく、そしてやる気も出ません。最悪な場合、組織の他の人たちが達成しようとしていることを、意図してかどうかにかかわらず妨害してしまうかもしれません。アジャイルリーダーは、その人が本当に変化への関与を望んでいない兆候を見逃さないようにしなければならないのです。

このような場合、その人は退職する必要がありますが、有能なリーダーは可能な限り最も効果的な方法でこのような社員が次のキャリアへと進めるように支援できます。

変化への関与を望んでいない人の兆候を見逃さないようにするのが、アジャイルリーダーである

カールのように包括的な計画を作ることを真のプロフェッショナルの証とみなすプロジェクトマネージャーもいます。包括的に要件を収集したり、包括的な計画を作ったりすることができると考えている人は、複雑さを本当の意味で理解しているわけでも、経験的アプローチを受け入れているわけでもありません。彼らは、問題が複雑であることを認識していないか、複雑な問題に取り組んだ経験が十分でなく、従来の計画に基づくアプローチでの問題解決で失敗を経験していないのでしょう。もし、経験主義を理解して、受け入れようとしなければ、彼らが働くチームにとって常に対立する原因となります。

新しい働き方をしたくないと思っているのは管理職だけではありません。従来のプロダクトマネージャーの中には、包括的な要件文書を作成したり、ビジネスのステークホルダーとの唯一の接点となったりすることを好む人もいます。このような人は、職能横断的なチームの一員になることを好みません。一方で、開発者などのチームメンバーの中には、チームの一員ではなく、ひとりで仕事をしたいという人もいます。このような人たちを適応させることができないのであれば、彼らは自己管理チームにはふさわしくありません。アジャイルリーダーは、彼らのために別の仕事を見つけるか、彼らを放出しなければならないでしょう。

上級経営陣が問題の場合はどうするか

　この問題は、主に中間管理職がアジリティへの移行を指揮する組織でよく起こります。中間管理職が不当な批判に耐えることがありますが、それは中間管理職が最も激しく変化に抵抗する人たちであるからなのです。たいていの組織では、中間管理職とは、組織に対するコミットメント、運営知識、文化的な繋がりのどれもが最も深い人物なのです。彼らは、組織の上層部の入れ替えが激しい中でも、組織を機能させ続けているのです。

　上級経営陣が変化に対して反対している場合や、よくあるケースとして、上級経営陣が変化に無関心か人任せの場合は、アジャイルの取り組みは上手くいくための十分な支持をたいてい得ることができません。上級経営陣の支援がなければ、部門や専門スキルのサイロがそのまま残ることになり、職能横断的なチームの組成や自己管理を妨げるようなマトリックス型のマネジメントアプローチにより、アジャイルチームは機能不全に陥ります。

本当の変化を持続するには、経営幹部の支援は不可欠である

　このような場合、唯一の解決策は、信頼できるアドバイザーが上級経営陣に対して、変化しなければ組織が上手くいかなくなると結論づけるよう手助けすることです。このアドバイザーは、たいていは社内から出てきます。このことを上級経営陣が理解すれば、彼らの抵抗や無関心はたいてい薄れてきて、組織にとって必要となる支援を行うようになります。そうでなければ、彼らは組織から去ることとなり、より深い理解とコミットメントのある人物が代わりを務めることになります。

報酬プランの見直し

　従来の組織では、たいていの場合は個人の結果に対して個人を評価します。チームのパフォーマンスを評価することもありますが、その場合であったとしても、チームにおける個人を特別に評価することがよくあります。

　アジャイル組織では、達成するほとんどすべてのことがチームでの仕事の結果であるとみなします。アジャイルリーダーは、個人のパフォーマンス評価や報酬

プランから、チームの評価へと意図的に切り替える必要があります。

同時に、個人は労働市場で報酬を巡って競争しており、人々は自分の報酬が、より広い雇用市場における自分の価値に見合うのかどうかを知りたがっています。市場におけるスキルの価値に応じて、市場価値は人によって異なるものでしょう。

では、リーダーは、チームを評価する必要性と個人の報酬が市場価値に見合っていると感じられるようにする必要性とのバランスをどのようにとればよいものでしょうか。ほとんどの組織では、基本給と変動給という報酬体系が一般的になっています。アジャイル組織では、社員の基本給はスキルの市場価値を反映しており、スキルの習熟度や経験などの要因が反映されるものとなります。さらに、社員の変動給はチームのパフォーマンスに基づいており、たいていはチームが顧客アウトカムを提供することで組織にもたらす価値が反映されます。

自己管理チームであれば、チームメンバー間で変動する報酬額をどのように配分するかを決めることができるはずですが、これを対立せずに行えるということは非常にパフォーマンスの高いチームである証です。リーダーは、結果を左右しようとしていると気づかれない限りは、チームをコーチングしてチームによる決定を支援する必要があるかもしれません。

「コーチングの分野」におけるリーダーや担当者は、チームをどれだけ効果的に支援しているかで評価されるべきです。アジャイルチームに知識をどれだけ効果的に伝達できるか、チームが顧客にどれだけ効果的に価値を提供できるかが、最も重視されます。このような支援する役割を担う人たちは、アジャイルチームで仕事をすることができますし、他のチームが価値を生み出すのを支援することもできます[*4]。

キャリアパスの見直し

前述したように、アジャイル組織は従来の組織よりも階層が少ない傾向があります。その結果として、アジャイルリーダーは階層のより高いレベルへの昇進を通じてメンバーを評価する機会が少なくなります。アジャイルリーダーは、自律

[*4] 詳しくは、https://evolutionaryleadership.nl/news/all-teams-need-to-be-agile/を参照のこと。

性、熟達、目的の向上など、メンバーに対してやりがいのあるキャリアを示す別の方法を見つけなければなりません。

昇進は2つの方法でメンバーに報いるものです。それは、個人の報酬を増額することと、組織における個人の名声が上がることです。報酬については、個人のパフォーマンスを評価する文脈ですでに説明しましたが、昇進に伴う昇給についても同じアプローチが有効です。

昇進を使わずにその人の名声を高める選択肢を見つけるには、昇進によって名声が高まるのは、昇進した人が価値のある経験や専門知識を持っていて、自身の個人としての関心ごとを超えた影響力を持つことができると評価されているからだと理解する必要があります。アジャイル組織において、これを論理的に示すと、コーチングとメンタリングによって他者を成長させる能力を持つ人を評価するということです。それによって、コーチやメンターは、彼らの経験に価値があり、それが評価されているということを広く認識してもらうことができます。また、これには組織の階層に新しいポジションを作らなければならないという不都合もありません。

触媒的リーダーシップを受け入れる

前の節や第6章で述べたように、アジャイル組織のリーダーは、指揮からコーチングやメンタリングへ徐々に重心を移していくことによって、触媒的リーダーシップスタイルを採っていく必要があります。多くのリーダーは、他者の成長を助けることに対して優れた直感を持っていますが、自分自身がコーチングやメンタリングを受けることで、コーチングやメンタリングのスキルを向上させることができるかもしれません。

触媒的リーダーのゴールは、他者がその人自身のスキルとチームのスキルの両方を向上させる機会を見出す能力を身につけることなのです。触媒的リーダーとは、どのようにすれば改善できるかのアイデアを練るのを助け、その改善アイデアを試行するのを支援する人なのです。効果的なコーチは、他者に改善方法を指示するのではなく、実験とフィードバックに基づいて彼らなりのアプローチを生み出し、改善するように促します。

154 第7章 組織との整合性

触媒的リーダーが目指すのは、新たなリーダーを生み出すことである

　最も重要なことですが、これは、触媒的リーダーが辛抱強いことを意味しています。それぞれのメンバーやチームが改善するための初期のアイデアが期待どおりの結果にならなかったとしても彼らは苛立つようなことはありません。触媒的リーダーは、メンバーやチームが結果から学べることがないかを検討し、インサイトに基づいてアプローチを適応させるように促す手助けをします。

　ほとんどのリーダーは、この観点において探究の途上にあり、リーダー自身の学びにおいても同じように辛抱強さと内省を当てはめなければなりません。一度にすべてを完璧にこなすことはできません。決して完璧になることはないのかもしれません。しかし、経験に基づいて学び、改善しようと思慮深く試行することを惜しまない限り、時間とともに改善していくものなのです。

進捗会議を透明性のあるものに置き換える

STORY

　カールがリライアブル・エナジー社で働く最後の週、ドリーンは発電事業部の責任者のマリアから電話を受けます。

　マリア「ドリーンさん、カールさんが退職すると聞いてから電話をしようと思っていました。PMO のスタッフが徐々に退職したり、他の取り組みに異動したりしているのを見てきましたが、カールと PMO がいなくなったら誰が進捗会議を運営するのでしょうか？　それにカールが送ってくれていた進捗報告は誰が作成することになりますか？　私はこの進捗報告を用いて事業部門が資金提供しているプロジェクトの状況を常に把握しています。」

　ドリーンは返答します。

　ドリーン「ご存じのように、私たちはアジャイルチームが行っているように、仕事の仕方を今までと違ったモデルに移行している最中です。進捗報告の代わりに、次のリリースのゴールに関するリアルタイムダッシュボードを提供しています。それに、顧客から得た結果を含んだゴールへの進捗の根拠も提供しています。今までにスマートグリッドチームからそのような情報提供をされているのを見たことがあると思いますよ。」

　マリアが答えます。

進捗会議を透明性のあるものに置き換える　155

マリア「そうですね。ゴール指向になったことで何が起こっているのかが、とてもわかり易くなりました。以前の『赤―黄―緑』の進捗表示よりもずっと理にかなっています。」

ドリーンが返答します。

ドリーン「ええ、他の事業部門の責任者からも同じことを聞いています。カールさんの退職後に、以前の進捗報告を段階的に廃止していき、リアルタイムでゴール指向な進捗ダッシュボードに移行していきます。」

マリアが答えます。

マリア「素晴らしいです！　そうなることを期待していました。以前の報告には苦情を聞いてきましたし、主力の企画で進捗がずっと『緑』だったのに、本番リリース直前になって突然『赤』になった経験が誰にでもあるはずですよね。」

ドリーンが返答します。

ドリーン「以前の進捗報告を段階的に廃止することで、計画が継続的に変更していくことを受け入れます。進捗を可視化する最善の方法とは、チームが何を達成し、何に取り組んでいるのかを完全に透明化することだと考えています。そのためには、私たち全員が『よくない』知らせに対してチームを批判するような反応をしないようにしなければなりませんね。批判は彼らの透明性を妨げるだけなので。代わりに、チームが課題を克服するのを支援する必要がありますし、そのために、チームが苦戦しているときには、それを率直に分かち合うようにする必要があります。」

　従来の計画に基づく進捗報告は、たいていは主観的なものになりますが、スケジュール、予算、機能の完成に基づいている場合、一見客観的に見えることがあります。

　第3章で述べたように、計画に基づく仕組みに関するすべては推測です。組織が期待するアウトカムを達成するために組織が必要と考える機能も、その機能を作るために必要な予算やその機能を作るために必要な時間と同様に推測の域を出ないのです。たとえ、プロジェクトが納期どおりかつ、予算どおりだったとしても、期待するアウトカムを達成できないかもしれません。

　従来の進捗報告とは、概して演出になりがちです。透明性の正反対に位置します。プロジェクトマネージャーにはプラスの結果を示さねばならないというプレッシャーがかかっているため、アクティビティやアウトプットで表せる作業など少しでもプラスに見える情報だけを提示することになるのです。

156 第7章 組織との整合性

　アクティビティやアウトプットに基づいた見せかけの進捗報告ではなく、組織の全員が、仕事のゴールとそのゴールに向けた進捗を示すためにチームが達成したことの証拠を理解している必要があるのです。これには、ゴールが間違っているときはゴールも見直す必要があるという根拠も含まれています。これを実現する唯一の方法は、チームが取り組んでいることやその理由を完全に透明にすることです。

　これは、ほとんどの組織にとって大きな文化的な転換になります。誰もがアクティビティやアウトプットではなく、ゴールや結果について話すことに慣れなければなりません。また、進捗会議や進捗報告という形で余計な作業が発生することなく、この情報を共有する方法を見つけなければなりません。

　従来のアプローチを手放そうとする組織は、部分的で漸進的な結果というものに慣れる必要があります。これは、組織の人たちにとって難しい場合があります。従来のアプローチではプロジェクトが終了するまで役に立つものが何もないことに慣れていて、プロジェクトが終了するときにすべてが得られる予定になっているからです。しかし、すべてを得ることはできませんし、得たものは部分的に間違っていることがほとんどなのです。

　最終的に望むものすべてを得ることを期待するのではなく、一定の間隔で部分的な結果を見ていくことに組織の人たちは慣れる必要があります。これらの部分的な結果が顧客アウトカムと一致していれば、進捗状況は容易に理解できます。これはアジャイルなアプローチの基本ですが、多くの組織ではアジャイルなアプローチが上手くいくために、透明性がどれほど重要かを理解していません。

　しかし、透明性は脅威になることもあります。顧客のニーズについてステークホルダーの理解がずれていることや、ステークホルダーが必死に主張した「目玉機能*5」が顧客に全く使われていなかったことがわかってしまうことも、よくあるのです。しかし、ステークホルダーが、顧客にとって以前からわかっていたよりもさらに価値のあるものを見つけて、その知識がすべての人にとってよりよいアウトカムに繋がることを発見できることもあります。

　透明性とは、ある時点においてはあらゆる人にとって「悪く見える」ことになるでしょう。自分が思うほど多くのことを知っている人はいません。アジャイル

---

*5 （訳者注）killer feature：プロダクトやサービスの決定的なひとつの機能のこと。

進捗会議を透明性のあるものに置き換える　157

で経験的アプローチを採るのであれば、自分が間違っていることもあると受け入れる必要があります。自分が間違っていることに気づくことで、学ぶ機会が生まれますが、それは組織の文化にその余地がある場合に限られます。

　実際、アジリティへの取り組みを含めて、組織が最初に何か新しいことをしようとするときには、ほとんどの場合で間違えるものです。なぜなら、それは彼らが最も知らないときの出来事だからです。アジャイルリーダーは、チームの学びや改善を促せる環境と裁量を提供するために、この真実性を認識し、受け入れなければなりません。

　このことを示すために、Ed Catmull が Pixar における初期の「よくない」アイデアを素晴らしい映画に変える方法を説明しているので、紹介します。

> 「ピクサーの創造的プロセスにとって、率直さほど重要なものはない。それは、どの映画も、つくり始めは目も当てられないほどの『駄作』だからだ。乱暴な言い方だが、私はよくそう言っている。オブラートに包んだら、初期段階の作品が実際にいかにひどいかが伝わらない。ピクサー映画は最初はつまらない。それを面白くする、つまり「駄作を駄作でなくする」のだ。率直さの欠如は、放っておくとゆくゆくは機能不全の環境を生んでしまう。」
>
> Ed Catmull[6]

　Pixar の「ブレイントラスト（brain trust）」プロセスは、この組織において望ましい率直さを定着させるのに役立っています。アジャイルなアプローチでは、レビューやレトロスペクティブといった同様のプラクティスを用いることで、チームがよくないアイデアを迅速に露わにして、よいアイデア、さらには素晴らしいアイデアに改善できるために必要な透明性を生み出すのを手助けします。

　アジャイルリーダーは、チームが学ぶことができるだけの余白を作る必要があります。アジャイルリーダーは、私たちが知っていることや考えていることがすべて間違っているかもしれず、できるだけ早くにそのことがわかるほうがよりよいことを明らかにしなければならないのです。さらに、チームが完全に透明であることを評価しなければなりません。

---

[6] 『ピクサー流 創造するちから──小さな可能性から、大きな価値を生み出す方法』（エド・キャットムル 著、エイミー・ワラス 著、石原 薫 訳、ダイヤモンド社、2014 年）

移行にかかる時間とその意味について現実的に捉える

このような本の説明では、読者のみなさんに対して、こういった移行が簡単であるか、すぐに起こるものであるという印象を与えてしまいます。実際にはほとんどの組織が、組織の再編成を始める段階に達するまでに何年もかかるものですし、再編成にはさらに何年もかかるものです。

すぐに結果を出せると期待している経営陣は、その期待値をリセットする必要があります。しかし、迅速な結果を期待している経営陣には、このような変化を見通すための忍耐力や熱意があることはめったにないのです。変化を始めることはあるかもしれませんが、小さな収穫を得るとすぐに何か別の出世の材料を探しにいってしまうことでしょう。アジャイルによる変化とは、先見の明があり、より大きな組織の改善のために自分の個人的な利益を傍に置くことをいとわない人たちのためにあります。

実際、利己的な「リーダー」では、自己の利害を超えてものごとを見ることができないため、アジャイルへの移行では上手くいきません。自己管理チームが上手くいき、組織がアジリティの恩恵を最大限に享受するために、利己的なリーダーが組織を離れることになるケースはよくあります。このアジャイルへの移行期において上手くいくリーダーとは、他者が能力を伸ばし、上手くいくのを支援することで、大きな満足感を得られるような人なのです。

ここまでのふりかえり

本書の序盤で、著者たちは**デュアルオペレーティングモデル**を提唱しました。これは、初期のアジャイル組織が従来の組織と共存するためのモデルです。このモデルは、アジャイル組織を組成し、発展するために必要です。しかし、新しい組織が発展し、成熟するにつれて、従来の組織とアジャイル組織は、その価値観と基本的なやり方に関する根本的な対立に陥ることが多くなります。例えば、組織とは結局、組織の人たちを評価する方法を2つ持つことができないのです。ひとつは、管理職によって決定する個人の目標達成に基づく評価であり、もうひとつは、360度フィードバックに基づくチームの成果やチームメンバーの貢献に基づく評価です。

最終的に、アジャイル組織がゴールを達成することができれば、より多くの責任を引き受ける権利を得ることになるでしょう。アジャイルリーダーシップとは、従来の組織からアジャイル組織に徐々により多くの責任を移していく上で重要な役目を果たすものなのです。この移行は、一度に行われるのではなく、アジャイルチームがより多くのことを引き受ける準備ができたときに徐々に行われるのです。

第8章
文化との調和

　あらゆるアジャイルリーダーが直面する最終的かつ究極の課題とは、組織の文化を変えることです。組織の文化とはジャイロスコープのように機能します。これによって軌道から外れてしまうような混乱や逸脱があっても一貫した方向を指し示し続けるものです。しかし、この文化のジャイロスコープはアジャイルな変化を妨げる方向にも機能します。アジャイルな試みで後退する多くの組織は、自分たちの文化のジャイロスコープが強力すぎてとてつもない努力がなければ変化できないことに気がつくのです。ほとんどの組織は、迅速に変化し、文化の変化に必要な労力を注がねばならないほどの痛みを経験していません。

　組織の文化を変えていくには、リーダーがとても長い時間をかけて、ゆっくりと、着実に、一貫した取り組みを行う必要があります。組織の人たちは、アジリティが組織だけでなく、各個人としても有効であることをわかっていなければなりません。また、アジリティは単なるマネジメントの流行ではなく、これまでの多くの施策のように過ぎ去ってしまうようなものではないことをわかっていなければなりません。さらに、競争とは決してなくなるものではなく、競争相手はより反応性の高い組織づくりに投資をしているという事実です。こういった場合は、競争相手に負けるよりも、自分たち自身が競争相手になったほうがよりやりやすいのです。

　結局のところ、文化を変えるためには組織の人たちがアジャイルによる変化を自分たちのアイデアであるかのように受け入れなければならないのです。変化とは、誰かに押しつけられていると感じるものであってはなりません。組織の人たちが、アジャイルな方法で仕事をすることが最も当たり前な方法であり、それ以外の方法で仕事をすることに違和感を覚えるようにならなければなりません。こ

文化を変えることを難しくしているもの　　161

の状態になれば、その組織は複雑な状況下で存続し発展していくために必要なアジリティとレジリエンスを最終的には獲得できたことになります。そして、以前のやり方に逆戻りしてしまうこともなくなります。

　多くの点において、これは目新しいことではありませんし、アジャイルによる変化に限ったことでもありません。老子が古来より見られることだとし、以下のように述べています。

> 「リーダーとは、その存在だけを知られている程度が効果的である。人々が何か仕事を成し遂げたときに、『自分たちでやり遂げた』と言うくらいにである。」
>
> 老子

文化を変えることを難しくしているもの

STORY

　長い一週間を終えた金曜日の夜遅くに、ドリーンが駐車場に向かって歩いていると、ニックが追いかけてきて声をかけます。

　ニック「ドリーンさん、ちょっとお話しできますか？」

　ドリーン「ニックさん、家に帰るところでしたが、もちろんいいですよ。最近はどうですか？」

　ニックが返答します。

　ニック「順調ですよ。アジャイルチームはおおむね上手くいっています。でも、何人かの元管理職からの反発を受け続けています。目を逸らすとまた以前の習慣に戻ってしまう気がします。彼らが変わる気があるのかどうか疑問に思い始めているのです。ドリーンさんの助けを借りたいのです。」

　ドリーンが返答します。

　ドリーン「なぜ彼らは反発していると思いますか？　彼らは自分たちの仕事が脅かされていると感じているのでしょうか？　私たちは、仕事が変わる可能性があることを全員に知ってもらおうとしてきましたよね。私たちは社員を大切にしていて、一緒に仕事をすることにコミットしてくれれば、彼らが最も貢献できるところを見つけるために協力していきます。」

　ニックが話します。

ニック「それもあると思いますが、それがすべてではないですよね。人伝に聞いた話では、途方に暮れている人もいるそうです。頭では仕事があることをわかっていますが、まだすべてが上手くいっていないことには苛立っています。彼らが確実性を求めている気持ちはわかるのですが、私自身の経験から、しばらくはリラックスして過ごさなければならないと思っているのです。」

ドリーンは同意します。

ドリーン「私もそれを経験してきましたからね。上手くいかないのではないかという不安からくる緊張感があります。今でも、この先にどんな驚きが待っているのだろうかと思う日がありますからね。でも、これまでの過程をふりかえって、新しい課題にどれだけ上手く対処できるようになったかを考えると、不安が収まり、集中し直すことができます。」

ドリーンは続けます。

ドリーン「別のシニアリーダーからも同じことを聞きました。月曜日に何人かで集まって、私たちの誰もが一度は経験したことがあると思う『絶望の谷』を社員が乗り越えるために何ができるかを話し合いましょう。」

「文化を変えることが一番難しい」と、組織変革を経験したことがある人、あるいはその真っ只中にいる人のほとんどが口をそろえて言っています。しかし、彼らが**文化**という言葉を使うとき、それが意味していることとはなんでしょうか。簡単に言えば、それは単に「このあたりでやっているやり方」を指しています。文化とは、組織の人たちの態度、価値観、ゴールから浮かび上がってくるものなのです。

組織の人たちは、何に価値があるのかをわかっていると思い込んでおり、そのために何をすべきかもわかっているつもりでいます。リーダーが文化を変えようとしているということは、事実上、リーダーが組織の人たちから足元の絨毯を強引に引っ張り出しているようなことと同じなのです。今、彼らは混乱しているのです。少し前までは、詳細な計画を立てられることがプロフェッショナルの証でしたが、今では、それは誠実でありながらも思い違いをしている人の証となっているのです。

> **アジャイルへの移行が上手くいかないのは、そのほとんどが文化を変えることが上手くいっていないからである**

前の章のカールのように怒る人も出てきます。その反面、新しいものはなんでも受け入れるので、変化も受け入れる人もいます。ほとんどの人は葛藤を内に秘めているものです。表面的には同調しますが、内心では不安を抱えており、変革の取り組みが行き詰まると、上手く機能していたと思っているものに戻ることで安心を得ようとします。それが完璧ではないとしてもです。これがアジャイルへの移行が失敗する理由のほとんどなのです。文化を変えることができないからなのです。

文化とは、人の言葉や行動によって直接影響を与えることができないものです。最も意欲的なリーダーでさえ、組織の文化に間接的にしか影響を与えることはできません。また、報酬は振る舞いや態度に作用し、文化に影響するわけですが、リーダーが社員に新しい文化的な価値観を受け入れるよう「買収する」ことはできません。顧客指向のゴールを達成することではなく表面的な振る舞いに目を向けると、アジャイルによる変化においては評価と報酬は見事に裏目に出ます。

文化には独自の意志と慣性があるので、信頼を築き、信念と態度を変えていくことによって、ゆっくりとしか変えることができません。文化を変えようとする試みは脆く、些細な出来事でさえ、態度を軟化し新しいアプローチを人々が受け入れるきっかけとなるための信頼を損いかねないのです。

アジャイルリーダーはまず自分のやり方を見つけるべき

アジャイルリーダーが育むべき文化は、2つの側面に対して焦点を当てます。

・自己管理チーム
・経験主義

他のすべては、これらの側面から導き出されるものです。この2つの側面を支え、強化することができないものは、すべて取り除く必要があります。

アジャイルリーダーが自身の内的な変容を経験し、経験主義と自己管理チームの力を理解し受け入れるようになると、アジャイルリーダーの唯一の仕事は、組織の他の人たちのために、以前の文化と新しい文化の間に橋を架ける手助けとなります。そのための課題を図8.1にまとめます。

この過程は、リーダーがどのように変化を体験するかに重点が置かれており、これまでの仕事のやり方のほぼすべてが効果的ではないと気がついたときに誰も

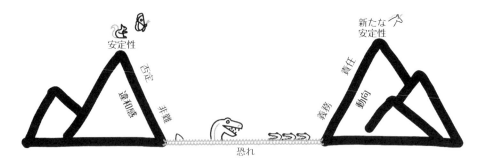

図 8.1: 新しいリーダーシップスタイルに移行する際の力関係を変更する[*1]

がたどることと似ています。第 5 章では、このような変化について触れましたが、ここでは競争的リーダーシップスタイルから触媒的リーダーシップスタイルへの移行に焦点を当てています。

組織がアジャイルなやり方に移行し始める以前、つまり組織が安定した状態にあるとき、リーダーは競争的リーダーシップスタイルが最も効果的であることがわかっています。組織がアジャイルなやり方へと移行し始めると、この競争的リーダーシップスタイルがもはや効果的ではないことがわかってきます。リーダーがチームの自己組織化と自己管理を支援するときに特に実感します。

しばらくの間、リーダーはそれが真実であることを否定しようとするかもしれませんが、やがて自分自身の個人的なニーズとチームのニーズの間に違和感を覚えるようになります。特に、「アジャイル、自己管理チームが私たちの未来である」というようなことを言いながらも、チームの利益ではなく、自己の利害に焦点を当てているなど、言っていることと正反対のことをしていることに気がつくと、この違和感が強まり、内なる葛藤が大きくなっていきます。

アジャイルリーダーがこの葛藤を解決するには、組織やチームを支援する義務が、自己の利害よりも徐々に優先されなければなりません。そのためには、アジャイルリーダーは自身の利益を高めることよりも、他者を支援することに対して大きな満足感を覚えるようにならなければなりません。あるいは、別の見方をすれば、他者の成長や成功を支援することで、自身の利益が最大になるという価

[*1] このパターンは、"The Responsibility Process"（Christopher Avery 著）と"Spiral Dynamics"（Don Edward Beck 著、Christopher Cowan 著）の 2 冊の書籍からヒントを得た。

値観を確立しなければなりません。

新しい文化への架け橋

　リーダーがこれらすべてのステージを通過したら、他のメンバーが進むのを支援するのが彼らの役目です。優れたリーダーとは、できるだけ早く緊張状態から抜け出し、メンバーが再び安定を得られるよう手助けすることもできる人です。これにはアジャイルリーダーにとっての特典があるのです。その特典とは、組織の他のメンバーが「架け橋を渡って」しまえば、アジャイルリーダーは新たに身につけたアジリティを用いてより大きなことを成し遂げるための支援に集中することができるのです（図 8.2）。

　アジャイルリーダーは、いくつかの方法で組織内の人たちのために以下の橋渡しを手助けします。

- 組織に受け入れてほしい新しい規範を体現し、その姿を示す
- 他者が間違いを恐れずに、このような新しい規範を受け入れられるよう心理的安全性を作り出す
- 新しい規範を受け入れる人たちを評価し、最も重要なこととして顧客に価値あるアウトカムをもたらすチームに報いる

　これらはそれほど複雑なことではありません。一番重要な橋渡しの振る舞いとは、組織の人たちが間違いを犯し、そこから学ぶことを許す姿勢です。アジャイ

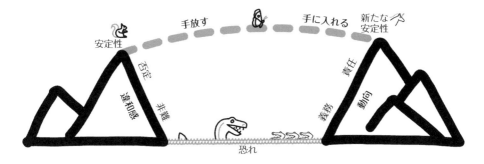

図 8.2: アジャイルリーダーは、他者が新しい文化的な価値観を受け入れるための橋渡しをする

166 第8章 文化との調和

ルリーダーは批判に対する恐れを取り除かなければなりません。ここで経験主義
が役立ちます。透明性、検査、適応とは組織の人たちが速く失敗し、迅速に学ぶ
ために役立つ原則です。組織の人たちがリーダーからの信頼のもとでこれらの原
則を適用したとき、リーダーは新しい文化への橋渡しができるのです。

　複雑な状況下では、リーダーを含むすべての人たちが失敗から学ぶために失敗
する必要があります。リーダーが経験的な原則に基づいて学び、改善しているこ
とを示すことで、チームも安心して同じことができるようになります。

過去を批判せず、前進あるのみ

　過去を批判するのは簡単ですが、それは罠です。過去の組織のやり方を批判す
る問題点は、それによってそのやり方で取り組んでいた人たちをも批判すること
になってしまうことです。これをされると人は侮辱と捉え、前に進めなくなりま
す。彼らは「自分は適切なことをしていると思っていたのに、今ではそれが間
違っていたとわかった。これからは批判されないとわかるまで、新しいことには
挑戦しないようにしよう」と感じるものなのです。

　過去を検証することは、改善するためのよい方法ですが、この場合では、組織
が前進する妨げとなる可能性があるのです。次の例え話は、組織が簡単に前進す
るための方法を説明しています。

　　組織を旅人だと想像してみてください。昔は陸路を移動し、歩いたり走っ
　たりすることが前に進むための最善の方法でした。

　　今、この旅人が大海原の端まで来たと想像してみてください。歩いたり
　走ったりしても前に進むことはできなくなります。旅人は泳ぐといった今ま
　でと別の戦略を使う必要があるのです。前進するためには、ボートの作り方
　を学び、漕ぎ方や帆の張り方を学ぶ必要があるかもしれません。移動手段が間
　違っていたわけではないのです。今は別の課題に直面しているだけなのです。

徹底した透明性によって心理的安全性を築く

　触媒的リーダーが直面する最大の試練は、よくない知らせをどう扱うかです。
闘争的リーダーは、自分たちが設定した方向性にそぐわない知らせを強引に封じ

込め、より不快な知らせが来るのを避けるために、より多くの統制を求めてきます。迎合的リーダーもまた、現状を維持しようとします。従来のシナリオに合わない知らせを無視するか葬り去ることで、その出来事が繰り返されないように新しいルールを設けます。競争的リーダーとは、よくない知らせを誰かのせいにして、同じことが繰り返されないように自他ともにより努力するように求めます。

　触媒的リーダーにとって、「よくない知らせ」は存在しません。彼らにとってはあらゆる情報が組織の改善に役に立つものなのです。その結果、情報が「誰かを悪者にする」という考えに自分自身も組織も陥ることはありません。闘争的リーダーや競争的リーダーは情報を武器とする傾向がありますが、触媒的リーダーは全員のパフォーマンスを向上させるために情報を活用します。これを行うために重要なのは、あらゆる決定をデータに基づいて実証または反証される実験とみなすことです。触媒的リーダーは、間違っている可能性がある仮説に基づいて意思決定をするのではなく、決定を実験に変えることにより、組織が仮説を明確にするのを支援するのです。

　例えば、計画の進捗予測を立て、その予測が外れたときにその「ダメージを制御する」のではありません。触媒的リーダーは、計画を実験として組み立てます。これは事実上「Xを行えば、Yが向上すると考える」と言っているわけです。その実験で望ましい結果が得られなかった場合、リーダーはその理由を理解しようとし、継続的に改善するために探究します。その探究の一環として新しい実験をリーダーは支援するのです。

　組織の人たちはいつも実験をしていますが、ただその実験を明示していないだけです。仮説を立て、望ましい結果が得られなかった理由を言い訳するのです。このような態度と、この態度を助長する非難や言い訳によって、学びが妨げられるのです。さらに、この態度は組織が可能性を最大限に発揮する妨げにもなります。だからこそ、触媒的リーダーは、「よくない知らせ」に対して責めるのではなく、むしろ実験を行うための心理的安全性を作り出そうとするのです。

**　触媒的リーダーは、実験を行うための心理的安全性を作り出すことで**
**　仮説を明確にする**

　このようにすることで、触媒的リーダーは、情報とは価値に対して中立なものであることを示します。情報にはプラスもマイナスもないのです。情報とは広く

168　第 8 章 文化との調和

共有されるべきものなのです。なぜなら、誰がその情報を有用だと思うか、あるいは他者が気づかない何かに気づくかは、誰にも予測することができないからです。

　触媒的リーダーは次のような方法で心理的安全性を作り出します。

- ・誰かが共有したことに対して否定しないこと
- ・誰かが内密に共有したことのプライバシーを尊重し、全員が同意しない限りは共有したことについて集団の決定を尊重すること
- ・この 2 点について尊重しない人に対しては、直接行動を起こすこと

　組織の誰もが、自分の見てきたことや情報を率直に共有することに抵抗感がなければ、組織とは新たな脅威や機会に対応することができるものなのです。

難しい決定をしながらも信頼を築く

　難しい決定もまた、触媒的リーダーにとっての試練となります。ある管理職が痛みを伴う予算削減を実施しなければならなくなった場合を考えてみてください。場合によっては何人かに辞めてもらわなければならないこともあります。ほとんどの組織がこのような状況に対処する方法は以下になります。

- ・闘争的リーダー：迅速な決定を下し、リーダーの意志に最も従わない人たちを辞めさせる
- ・迎合的リーダー：勤続年数の長い人たちを残し、最近に入社した人たちや最も従いそうにない人たちを辞めさせる
- ・競争的リーダー：最もパフォーマンスの低い人たちを辞めさせる

　触媒的リーダーはどうするのでしょうか。著者たちが自らの組織やクライアント企業で行ってきたのは、予算削減の影響を受ける人たちを巻き込み、問題を解決するために協力できるかどうかを尋ねるということです。それでも何人か人が減ることは避けられないかもしれませんが、このアプローチ方法によって多くの場合、次のような結果をもたらしました。

- ・信頼が高まる（対象となる人たちがこの問題に自分たちも関わっていることを実感するため）
- ・よりよい解決策が見つかる（経費を削減するための別のよりよいアイデアを

思いつく）

・自発的に退職する人たちが現れる（すでに転職するつもりだったり、引退す
　るつもりだった人たち）

・グループとしての結束力が高まる（この過程で組織の人たちの活動に影響す
　る深刻な決定に関与するため）

　チームは、減給などで社員が組織を離れることなく、収益を増やしたりコスト
を削減したりする方法を見つけ出すこともできます。しかし、組織の人たちが減
給を決断した場合、触媒的リーダーは率先して手本となるべきです。つまり、会
社の将来を本当に確信しているのであれば、触媒的リーダーが真っ先に減給を志
願するほうがよいのです。

成功を分かち合いながらも、必要ならば非難を受ける

　闘争的リーダーや競争的リーダーは、物事が上手くいくと自分の手柄にし、上
手くいかないと他者のせいにする傾向があります。迎合的リーダーは仕組み全体
が成功の原動力だと捉え、計画どおりにいかないのはコンプライアンス違反が原
因とする傾向があります。

　物事が上手くいったとき、触媒的リーダーは、取り組んでいる人たち、つまり
は顧客の最も近くにいるチームメンバーを称賛します。チームが上手くいってい
るときには、成果が評価されていることを実感する必要があると理解しているか
らです。さらに、触媒的リーダーは自己管理チームがなければ、組織が何も成し
遂げられないことも理解しています。

　同時に、触媒的リーダーは、物事が上手くいっていないときには自分自身の責
任とします。チームが最高のパフォーマンスを発揮できるように支援すること
が、触媒的リーダーの責任であることを自覚しているからです。そのため、物事
が上手くいかないときは、たいていリーダーのリーダーシップや支援に何らかの
原因があるのです。

　チームを支援し、最善を尽くすための道具や裁量をリーダーが与えていること
をチームがわかると、チームは改善したり、リーダーが与える支援に報いようと
したりする動機づけとなります。チームは、触媒的リーダーが求める個人的なコ

ミットメントを認識します。さらにそのレベルのコミットメントを認識し、それに報いなければならないという義務感を強く覚えるものです。

後退を予期して乗り越える

　残念なことに、組織が新しい文化に移行するまでの過程はたいてい簡単でもスムーズでもありません。文化を変えるということは、時間がかかり痛みを伴うことがあるのです。組織がどのように機能するかについて、組織の人たちが最も深く抱く思い込みに直面することになり、これが対立を引き起こす原因となることもあります。ケーススタディのように、すべての人が変化を望んでいるわけではありません。すべての人が同じように状況を見ているとは限りません。その結果、行き詰まったり、後退したりすることさえあるのです。

　この状況を乗り越えるには、触媒的リーダーが変化を支援するために忍耐と決意を示さなければなりません。徹底的な透明性に対する追求が揺らぐことはありません。顧客アウトカムを向上させるためという触媒的リーダーの一点集中する姿勢が衰えることもないのです。触媒的リーダーがビジネスの結果、つまり収益を上げることにしか関心がないのであれば、組織の人たちは文化的な転換を内面化することはできず、よりよいアウトカムに向けて努力するというコミットメントは表面的なものに留まることになるでしょう。文化を変えるためには、組織の人たち全員が顧客と共感し、経験主義によるよりよい結果を追求することを受け入れ、体現する必要があります。

どんな組織も問題を抱えているが、前に進むには問題を置いていく

STORY

　ニックはチームのミーティングに立ち寄ることにします。チームでは最新のリリース後に顧客から得た結果について話し合っています。ニックは少し遅れて参加し、静かに席に着くと会話の活力が落ちているのを感じ取ります。

　ニックが割り込みます。

　ニック「私のことは気にしないでくださいね。ただ、みなさんたちが学んできたことに興味があります。」

後退を予期して乗り越える　171

　チームメンバーたちは怪訝な表情を見せますが、少しぎこちないながらも会話は弾みます。話し合いの中心はチームが提供した一連の新機能についてです。その機能は社内のステークホルダーにとってとても重要なものでした。数人の主要顧客から要望があったからです。それにもかかわらず、あまり使われていないようなのです。この状況であっても、少なくともニックの前では誰もこの話をしたがらないようです。

　それを察したニックは、事態を打開する方法を模索します。

　ニック「これは実に興味深い発見ですよ。私たちが予想していたものと違っていましたね。何が起きているのか、みなさんどう思いますか？」

　チームは少しばかり混乱しているようです。以前のニックは計画したことが意図した結果にならなかったときにチームを叱責することで有名だったからです。今の「新生」ニックはチームが想像していたニックではありません。ついにチームメンバーのひとりが発言します。

　チームメンバーのひとり「私たちにはよくわかりません。ユーザーはその機能を見つけられないのかもしれません。もっと目につくようにする必要があるかもしれませんね。でも、データによると多くのユーザーが一度その機能を試しただけで、その後は使っていないようです。ユーザーの本当のニーズをよりよく理解して、これらの機能を用いて本当に達成したいことを理解する必要があると考えています。または、ユーザーのニーズが変わったのかもしれません。」

　ニック「これは実に重要なインサイトですよ。ときには顧客が本当に必要としているものをよりよく理解するためには、作って顧客の手に届けなければなりませんよね。では、顧客のニーズをよりよく理解するために次はどんな実験をしようと考えていますか？」

　会議室の雰囲気が和らぎ、会話が続きます。そしてニックもチームも大事な教訓を得ます。それは、人は変われるものであり、変われたならば誰もがそれを受け入れ、前に進む必要があるということです。

　リーダーが触媒的リーダーシップのスキルを高めたとしても、組織内の人たちがそのリーダーが本当に変わったと信頼するまでには時間がかかることがあります。チームは迎合的リーダーが依然として既成の方向性に従おうとしているか、競争的リーダーが触媒的な振る舞いをするふりをして優位に立とうとしているだけだと考えてしまうのです。このようなチームがリーダーの意図に対して信用しないのは当然のことです。触媒的リーダーシップスタイルに移行しようとしているリーダーは、このような信頼へのためらいがあることを認め、自分のやり方が

変わったことを示さなければならないのです。

　同時に、これまで信頼関係や透明性を示してこなかったリーダーにとっては、リーダーが変わったと言ったからといって、チームが突然に心を開くわけではないことをわかっていなければなりません。チームが本当に変わり始めるには、時間がかかり、透明性を受け入れる意思を明示的に示す必要があります。ケーススタディでは、これを単純な行動として示していますが、現実はもっと微妙です。信頼関係を築くにはたいていは長い時間がかかります。そのためにはリーダーが自身の振る舞いが変わったことを継続的に示す必要があります。それによって、今後はチームが自分たちの振る舞いを変えることに前向きになるでしょう。

パフォーマンスの高いチームは脆く、保護する対象である

　ある意味、チームが高いパフォーマンスを発揮することは当然のことではありません。このようなチームはまれです。特異な人たちが協力し、メンバーの能力の総和以上の優れたチームを作り上げた結果だからです。またチームとは壊れやすいものです。チームメンバーが減ったり、増えたりすると、チームの形成期の段階を最初からやり直す必要があります。壊れやすいからこそ、チームを守り、育成していく価値があるのです。

　メンバーがひとり以上離脱しメンバーを追加する必要がある場合、触媒的リーダーは第2章で紹介した方法に倣うべきです。それは、チームがチーム自身でメンバーを採用できるようにするということです。これにより、チームが再びチームを組成する必要が完全になくなるわけではありませんが、再度組成したチームが上手くいくために、既存のチームメンバーの間にオーナーシップが生まれることになります。

　リーダーは、チームメンバーの候補者と面接をするときに、候補者が長期的に見てチームを超えて文化に適合できそうかに注目することで、この過程を支援できます。ただし、チームが候補者を決定した後でなければなりません。もしリーダーが十分な適合性がないと感じた場合、リーダーはこのことをチームと話し合い、決定方法を判断すべきです。

　時間の経過とともに、どんなにパフォーマンスの高いチームであったとしても停滞することはあります。チームメンバーが離れたり、新しいチームメンバーが

加わったりすることで、チームに新しいアイデアがもたらされます。それにより、それほど頻繁なことでない限り、チームを再び組成するのにかかる時間とコストを相殺することができます。

最高のチームでも、集中力を欠くことがある

パフォーマンスの高いスポーツチームが、非常に高いレベルでパフォーマンスを維持するのが難しいのと同じように、自己管理チームにもパフォーマンスの浮き沈みがあるはずです。触媒的リーダーはこのことを認識し、チームが再び集中できるように支援します。

この支援には、チームがメンバーに無理をさせすぎたときに、チームメンバーに一歩下がる余裕を持たせるという形をとることも含まれます。こういったことは、チームがひとつの方向性に無理をしすぎたために、チームが追求している結果が得られないとメンバーが苛立ちを募らせているときに起こるものです。これが起きると、チームメンバー間の緊張が高まり、チームの結束力が低下してしまいます。

他にも、チームがパフォーマンスの向上に懸命に取り組むあまり、その労力に対する見返りが少なくなっているということもありえます。チーム外から見れば、このチームのパフォーマンスはかなり高いかもしれませんが、チーム自身の基準が高いために、より客観的な視点で結果を見ることができていないのです。

どちらの場合も、触媒的リーダーは、チームが自分たちの成果をより現実的な視点から捉えられるようにするために手助けをしなければなりません。そうしないと、チームの結束が揺らぎ、チームメンバーが以前のやり方に逆戻りしてしまうかもしれません。このような緊張は、チームを再び組成し、一部のチームメンバーを新しいメンバーと入れ替える必要があることを示すシグナルでもあります。

成功の基準として「自律」を用いる

STORY

リライアブル・エナジー社がエナジー・ブリッジ社を買収してアジャイルへの

174　第 8 章 文化との調和

移行を始めてから数年が経過しています。ドリーンは会社での日々の経営から離れ、会長職を担うようになっています。これにより、彼女は業界横断的な取り組みに多くの時間を割くことができるようになりました。また、ドリーン自身がリーダーシップの成長過程で学んだことを新進リーダーにコーチングすることで、Women in Technology の取り組みを支援しています。

　ある土曜日の朝、ドリーンはオフィスに自分のスケッチノートを取りにいく必要があります。スケッチノートには、新しいリーダーシップのあり方を学んだ彼女の経験が描かれています。ドリーンは自身とナゲッシュが作った絵のいくつかを、リーダーシップリトリート用に開発中のワークショップで使おうとしているのです。

　ドリーンはオフィスの近くのコーヒーショップに立ち寄ります。列に並んで待っていると、ふたりの若い社会人が最近に始めた新しい仕事について話をしているのを耳にします。聞いているうちに、ふたりともリライアブル・エナジー社のチームに入ったことがわかり、彼女はさらに注意深く耳を傾けることにします。

　エレナという若い女性が話しています。

エレナ「前職では太陽電池を製造する会社でプロダクトマネジメントをしていたんですよ。工学の学位を取得していたので、テクノロジーについてはよく知っていましたけど、実際の顧客と接する機会はあまりありませんでした。アジャイルチームで仕事をしたこともありませんでした。チームに貢献する最善の方法をまだ学んでいるのですが、顧客とのやり取りやチームメンバーとのコラボレーションをとても気に入っています。」

　デレクという若い男性も同じような考えを持っています。

デレク「以前に、大手金融機関で開発者として働いていました。チームの役割は非常に厳格で、開発の仕事が終わったら運用部門に引き継ぐというものでした。私たちが開発したものを実際に使っている人たちとはあまり接点がありませんでした。私が新しいチームで最も気に入っているのは、必要なことは何でも一緒に取り組めるところです。もしやったことがないことをするときには、それが誰であったとしても、経験豊富なメンバーが助けてくれます。」

　ドリーンは、自己紹介をしてもっと質問したくなりますが、ふたりに立ち聞きをされたと気まずく思ってもらいたくはありません。ドリーンは、初めて見かけたこのふたりが、自身やナゲッシュやニックをはじめとする数えきれないほどの人たちが、この組織に受け入れてもらおうと懸命に取り組んできた価値観と原則を体現しているように見えて大きな満足感を覚えています。

新しいことが当たり前になったときが成功である

アジャイルリーダーにとって、組織が新しいやり方を学ぶのを支援することに没頭しているときは、成功が途方もなく遠くに感じられることがあります。このような状況のときのリーダーは、個別のチームの進展や個人の専門的な成長に安心感を覚えるかもしれませんが、文化的な変革を評価することはたいてい難しく、達成することも不可能です。

成功には、さまざまな形があるのです。最も単純なレベルでは、組織がアジャイルになるということは、外部の脅威や新しい機会に対して迅速かつ効果的に対応できるようになることを意味します。どの程度速ければ、「十分に迅速」であるかは、組織や業界によっても異なります。

しかし、アジリティを手に入れたように見える組織の多くは、アジリティの根底にある文化が変わらなかったために、結局は以前の仕事のやり方に逆戻りしてしまいます。力強く、カリスマ的なリーダーだと、一時的な変化をもたらすことができるかもしれませんが、そのリーダーが退職したり、別の仕事に移ったりすると、組織はすぐに以前の状態に戻ってしまうのです。

組織を変えることの本当の意味での成功は、変化が自己永続的なものになったときに初めて実現します。すなわち、組織の人たちが「新しい」仕事のやり方を「単にこのあたりでやっているやり方」とみなしたときが成功なのです。リーダーやチームメンバーが変わったとしても、組織がこれまで成し遂げてきた進歩が損なわれる恐れがなくなったときです。

> 組織を変えることの本当の意味での成功は、変化が自己永続的になった
> ときに初めて実現する

ケーススタディでのエピソードでは、ドリーンが達成感を覚えるのは当然です。彼女の組織の成長過程は終わっていませんが、組織のリーダーが実現しようとした変化はほぼ実現しました。現在、組織はかなり自律しているのです。

後継者の育成

触媒的リーダーは、チームが成長し、潜在能力を最大限に発揮するのを支援す

るだけでなく、組織にいる人たちが触媒的リーダーになるのを手助けします。ひとりのリーダーだけに変化を委ねる組織はありません。また、アジャイル組織には、闘争的リーダー、迎合的リーダー、競争的リーダーが存在する余地はありません。触媒的リーダーが上手くいくためには、他者がアジャイルリーダーシップのスキルを伸ばせるように手助けする必要があります。

このことは、「自分ができることを、他の人たちが一致団結して代わりにできるようになったとしても、組織は自分をまだ必要としてくれるだろうか？」と疑問を抱くリーダーにとっては恐れを覚えることかもしれません。

著者たちの経験では、組織の触媒的リーダーが多すぎるということはありません。組織にとって、パフォーマンスの高いチームが多すぎるところまで到達することはないからです。助けを必要とするチーム、コーチングを必要とする人たち、取り除く必要がある妨害、組織が新しいやり方に適応し改善が必要となる機会が常に存在するのです。

自分の仕事に介入してくれる人たちがいるのは、実は解放的なことなのです。毎年同じことをして停滞するのではなく、新しい機会や課題を利用することができるからです。さらに、新しい能力を身につける余地があるということは、実際に自分自身の退化を防ぐ最善の方法なのです。

アジャイルへの移行に終わりはない

アジャイルなアプローチの適用において、「変革」は実に不適切な例えです。変革という例えは、ある状態、つまり従来のものから始まった組織が、多大な労力をかけて、新しい状態に到達したら、比較的小さな労力で継続するというイメージで描かれるからです。

アジャイルによる変化の現実とは、サッカーのワールドカップ決勝戦のようなスポーツイベントの準備と似ているものです。従来の組織は、健康状態が悪く、日常的な活動を行うのがやっとの状態から始まります。献身的な改善と多くのハードワークを経て、チームメンバーが協力して大きなアウトカムを達成し、競争相手に勝つことができる高いパフォーマンスに到達するのです。

しかし、競争相手は常によりよくなっていきます。組織が勝ち続けたいのであれば、以前の無駄が多いやり方に戻るわけにはいきません。常に新しい改善方法

を模索しなければならないのです。そして、成り行きに任せ始めるという元来の
行動傾向と戦わなければなりません。

この戦いが本当に終わることはありませんが、組織にアジャイルな文化が定着
すると、戦いは変わっていきます。従来の組織では、グループと個人の間に常に
緊張関係があるものです。そのため、個人の利益のために仕組みを利用しようと
する誘惑があります。アジャイルな文化のある組織では、仕組みを利用しようと
したり、チームの成果よりも個人の利益を追求しようとすると、アジャイルの価
値観から迅速かつ強力な反発を受けます。

これらの変化により、アジャイルリーダーは新しいことを行えるようになりま
す。脅威への対応を気にすることがなくなり、優れた人材を見つけて新しい方法
での働き方を学ぶことへの支援に集中できるようになるのです。また、不確実性
の高い厳しい状況下であっても、組織がより大きなゴールを追求するのを支援で
きるようになります。ホラクラシー[2]、ソシオクラシー3.0[3]のようなフレーム
ワークは、複雑さに組織を適応させ続けるようにデザインされています。著者た
ちは数多くのクライアントがドリーンと同じレベルのアジリティに達するのを見
てきました。また、多くのクライアントがそれらに取り組んでいるのを目にする
機会も増えてきています。

アジャイルリーダーの成長過程をふりかえる

「はじめに」で述べたように、このケーススタディは著者たち、クライアント、
仲間たちの経験を組み合わせたフィクションです。多くの組織がドリーンとナ
ゲッシュが行ったことと同じような方法で、適切なアプローチによりアジャイル
を実践しています。そして、組織とはそれぞれ違うため、よりアジャイルリー
ダーシップへと向かう方法を学んだり、発見したりするためには、それぞれ独自
の失敗と機会が必要となります。このことを意識しながらも、この成長過程にお
いて、しばしば対応が遅れすぎてしまう段階があるのです。それは「文化から始

---

[2] ホラクラシーについては、『HOLACRACY（ホラクラシー）——人と組織の創造性がめぐりだす
チームデザイン』（ブライアン・ロバートソン 著、吉原史郎 監修、瀧下哉代 訳、英治出版、
2023 年）や https://www.holacracy.org/を参照のこと。

[3] ソシオクラシー3.0 については、"*Sociocracy 3.0: Unleash the Full Potential of People and
Organizations*"（Jef Cumps 著）や https://sociocracy30.org/を参照のこと。

める」です。

　著者たちのクライアントの多くが、アジャイル変革における文化の評価とデザインの重要性に気づくのが遅すぎていました。最初に文化とリーダーシップスタイルから始めることで、多くの苛立ち、過度に高い変更コスト、間違った期待から解放されるのです。

　そのため、コンサルタントとしての著者たちが採る今のアプローチでは、現在の文化を評価し、考えられる妨害を事前に予測することから始めています。こうすることで、ケーススタディでドリーンが遭遇したような妨害を前もって知ることができ、考慮することができるのです。

　本書を読み終えたあと、リーダーは文化的な意味合いとそれに対応するリーダーシップの課題が表面化するのをより意識するようになるのが理想的です。この最終章の終盤では、アジャイルリーダーシップの変革にどのようにアプローチするかについてを要約したガイドラインを示します。このアプローチは文化への焦点とリーダーシップスタイルへの意識が進んでいることを除いて、ドリーンがとったアプローチと似ています。

　ここでは、著者たちとそのクライアントにとって最も効果的であったアプローチを紹介します。

1. **複雑な問題領域を選択する**
   アジャイルチームが実験を行うには、その仕事の複雑さに応えるためにアジャイルを最も必要とするような環境で始めるのが最善なのです。

2. **アジャイルセルを作る**
   「アジャイルセル」を作ることで、現在の組織構造や文化を気にかけたり、混乱させたりせず、迅速に学ぶのに集中できる安全な環境を作ることができます。

3. **文化から始める**
   最初から文化を理解し、デザインすることは非常に重要であり、多くの苛立ちを軽減することができます。そのために、第5章で紹介したリーダーシップスタイルを活用します。

4. **志願者を募る**
   従来の組織からアジャイルの取り組みに参加したい志願者を募り、適切な

リーダーシップのスキルと文化を持ち合わせた適切な人たちを選びます。
5. **組織のリーダーシップを一新する**
リーダーのグループに新鮮なインサイトを持つ新しいリーダーを採用します。
6. **優れたビジョンを作る**
このリーダーのグループとともに、説得力のあるビジョンとミッションを作ります。
7. **チームを巻き込む**
このビジョンとミッションを中心として、チームが自己選択できるようにします。
8. **信頼関係と我慢強さを持つ**
アジリティを実現し、触媒的リーダーシップスタイルに変えることは難しく、忍耐と信頼が求められます。

これまでのふりかえり

成長過程であり、決して本当の意味で終わったわけではない……

　本書では、文化的な変化について、最後の章まで取っておきました。なぜならば、文化を変えることが最も難しいからです。さらに、文化を変えるにはこれまでに説明してきた他のすべてのことを上手く行う必要があるからです。すなわ

ち、パフォーマンスの高い職能横断的なチームが成長し、危害からチームを守り、妨害要因を取り除き、階層を徐々に解体することが必要になるのです。実際には、これらのことを行うだけで文化を変えられます。文化的な変化は実際に最初から常に起こっているのです。

組織にとって、「アジャイル変革」は実際には決して終わらないと認識しておくことはより重要なことです。リーダーの中には、変化とは、ひとつの安定した状態（従来の組織）から新しい安定した状態（アジャイル組織）に移行することであり、この状態が実現できれば、落ち着くと考えている人もいます。このような一定の充足感を期待するのは間違いです。その理由は次のとおりです。新しい状態、すなわちアジャイル組織は、新しい脅威と機会に継続的に対応する必要があるからです。組織をアジリティの向上に向かわせた事情が決してそのまま消えることはないため、組織とその組織のチームは、これらの変化に継続的に適応しなければならないのです。

結局のところ、アジリティとは、あるべき状態を指すものではなく、継続的に学び、適応させていく手段なのです。しかし、いくつかのよい知らせがあります。アジャイルなやり方を取り入れること自体が、チームと組織がアジリティへの変化を起こす準備になるのです。静的なプロセスを最適化するのではなく、適応力を最適化することを学ぶのです。そして、現在の複雑で、ときに混沌とした状況では、適応力こそが、周囲のすべてが変化している中でも、組織が発展し、成長することを可能にするものなのです。

付録 A
効果的なリーダーシップのための
パターンとアンチパターン

　表 A.1 では、従来のリーダーシップの振る舞いとアジャイルリーダーが適用する振る舞いについて説明しています。従来のリーダーシップの振る舞いは、チームが効果的な自己管理の振る舞いを身につけるのにはあまり効果的ではありません。アジャイルリーダーの振る舞いでは、チームが効果的な自己管理の振る舞いを身につけるための支援を行います。この表は、アジャイルリーダーが以前の習慣に逆戻りしないように参照できるクイックリファレンスになっています。

表 A.1: アジリティを妨げる従来のリーダーシップの振る舞いと、アジャイルリーダーシップの対応表

あまり効果的でない	より効果的である
リーダーとして、すべての責任を私が負うべきだ	リーダーとして、個人やチームが成長し、彼らが責任をとれるように支援する責任は私にある
決定は単独の権限によって行われ、仕事を行う人たちへ落とし込まれていくようにする	決定は顧客からの直接的なフィードバックを活用し、仕事をする人たちによって行われるようにする 権限とはどこにでもあるものだ
組織での私の権力は、他者に影響を与える私の能力によって決定づけられる	組織における私の権力は、他者が責任をとれるようにする私の能力によって決定づけられる

付録 A 効果的なリーダーシップのためのパターンとアンチパターン

あまり効果的でない	より効果的である
知らないことがあるのは弱点なため、行動する前にすべてを知っておくようにする	知らないことがあるのは事実であるため、透明性と継続的な学びを仕組みにしようとする
私が、個人として最も有能でなければならない	私は、チームがどの個人よりも有能となるようにしなければならない
人員を最も効率的に活用するために、組織の人たちをできるだけ忙しくさせる必要がある	組織の人たちにはゴールを示す必要があり、それによって彼らは自分たちの知識を活かして最大の結果を成し遂げることに集中できる
組織の人たちは規則を遵守する必要があり、私たちは制御下に置かれる	組織の人たちは継続的に規則を作り直す必要があり、私たちは変化に対応できるようにする
勝利とは、人目に触れ、ステージに立つことだ	勝利とは、裏方で働き、他者がステージに立てるようにすることだ
困難な課題に直面したとき、組織の人たちは奮起する必要がある	組織の人たちは内発的に動機づけられているので、困難な課題に直面したときには個別の手引きを必要とする
変化が上手くいくには、まずゴールを設定し、組織の人たちをそのゴールに向けて動機づけることが必要である	変化が上手くいくには、適切な人材を確保し、より大きなゴールを作るために彼らを巻き込むことが必要である
失敗から部下を守るのは、私だ	部下が失敗から学べるような安全な環境を作るのは、私だ

付録 B
ドリーンのスケッチノート

　この付録は、それぞれの章の終わりに掲載されている要約スケッチノートを集めたもので、本書全体を視覚的に迅速に把握できるようになっています。

付録B ドリーンのスケッチノート

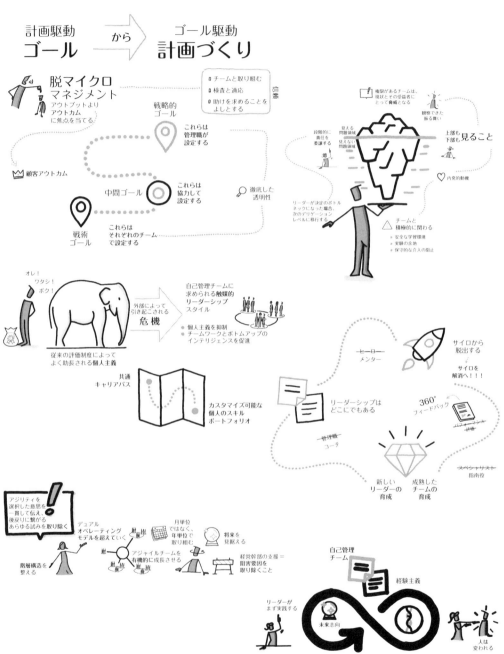

訳者あとがき

　日本においてアジャイルが紹介され、多くの現場で実践フェーズに移り、事例も多く発表されるようになりました。しかし、組織的にアジャイルに取り組み、組織をアジャイルにしてきた事例はまだまだ多くはないように感じます。書籍の充実、事例の充実にもかかわらずです。なぜでしょうか？

　本書には、この疑問に対する答えが詰まっていると思えます。変化に適応する理由（Why）、誰が取り組むべきか（Who）、何が足りていないか（What）、いつ（When）、どのように実践すればよいのか（How）がケーススタディを用いて、擬似体験でき、それぞれに気づきが得られるように構成されているのです。本書を読んだことで、みなさん独自のアプローチを発見できたのではないでしょうか。

　私は、一読者として英語版の出版と同時に手に取り、そしてアジャイルの伴走支援や講演活動でも、本書の内容を引用をしてきました。それだけ本書には現場が持続的に変化に適応していくために必要なエッセンスと実践知が詰まっています。私はソフトウェアで世界をリードする企業に所属してきた経験があり、リアルタイムでその変遷（と同じくらいの失敗）を経験してきました。特にリーダーシップスタイルの変化は、本書が示すとおり、闘争的、迎合的、競争的、そして触媒的と変化してきたように感じます。リーダーの中には、この変化の過程で留まりチームが崩壊してしまったり、触媒的なリーダーのふりをして闘争的リーダーであったり、リーダーだけが変わろうとして現場がついてこなかったり、といったことも見てきました。組織的な変化には特効薬はないため、模索し続けなければなりません。

　本書を読むことで、立ち止まり、自身と現場をふりかえり、これからのリーダーシップ、チーム、組織、顧客との向き合い方、ビジネスのあり方と、変化し続ける複雑さに対応する強さのためには何が必要で、誰とどのように取り組むか

のヒントが得られたことを期待しています。そこから先はみなさんに託したいと思います。日本では、まだまだ情報が足りていない「アジャイルリーダー」について、その過程を露わにしたこの本が日本のビジネスアジリティ、組織の変革、アジャイルへの取り組みにとってあらゆる読者の背中を押すきっかけとなることを望んでいます。ぜひ、みなさんだけではなく、この本を読んでほしい方々へ届けてください。

　翻訳には多くの方々にご協力をいただきました。著者のひとりである Ron Eringa には、訳者からの問い合わせや提案に対して非常に前向きな対応をしていただきました。おかげで英語版の出版から日本語版までの間で起きた動向についても反映させることもできました。翻訳原稿のレビューは、主に日本の事業会社でアジャイルに取り組んでいらっしゃる方々にお願いしました。翻訳レビューに協力いただいた岡澤克暢さん、小芝敏明さん、張嵐さん、平井翔一郎さん、細谷泰夫さん、山田悦朗さんに感謝いたします。みなさんのご協力により、読みやすい本にすることができました。また、丸善出版の小西さんにはこの本の翻訳を提案いただき、小西さん、米田さんには翻訳プロジェクトの最後まで伴走いただきました。

　2024 年 9 月

長　沢　智　治

訳者について

長沢 智治（ながさわ ともはる）

　IT エンジニアとして、ソフトウェアエンジニアリングのライフサイクル全般を経験した後に、開発現場と開発者を支援する側に転身。日本ラショナルソフトウェア、日本アイ・ビー・エム、ボーランドにて、プロセス改善コンサルタントとして日本の多くの現場とともに歩みながら、世界のソフトウェア開発のトレンドを学ぶ。日本マイクロソフト、アトラシアンでは、エバンジェリストとしてテクノロジーと、アジャイルや DevOps を広く訴求する役回りとして活動。日本マイクロソフトでは、アジャイルや DevOps を支えるプロダクトのプロダクトマネージャーも兼務。

　現在は、独立・起業し、アジャイルストラテジスト、アジャイルコーチとしてスタートアップ企業から上場企業まで、企業や組織、プロダクトの歩みに合わせた伴走支援を中心に活動中。

　監訳書に『More Effective Agile──"ソフトウェアリーダー"になるための28 の道標』（日経 BP、2020 年）、『Adaptive Code──C# 実践開発手法 第 2 版』（日経 BP、2018 年）、『今すぐ実践！　カンバンによるアジャイルプロジェクトマネジメント』（日経 BP、2016 年）があり、単著書として『Keynote で魅せる「伝わる」プレゼンテーションテクニック』（ラトルズ、2018 年）などがある。また、「エビデンスベースドマネジメントガイド」、「カンバンガイド」、「アジャイルのカタ」、「フローシステムガイド」など、多数を翻訳。

　サーバントワークス株式会社 創業者兼、代表取締役、DASA（DevOps Agile Skills Association）アンバサダー兼、認定トレーナー。

・個人サイト：https://nagasawa.social/

索　引

■英数字

360度フィードバック　　128〜131

Bloom, Benjamin　　122
Buutzorg Nederland　　118
Catmull, Ed　　21, 157
Deming, W. Edwards　　64
Ferguson, Alex　　89
Google　　30〜31, 70
Hastings, Reed　　127
Johnson, Jim　　75
KVA（重要価値領域）　　53
Lencioni, Patrick　　24
Machiavelli, Niccolò　　59
Netflix　　127
『NO RULES』　　127
Pink, Daniel　　30
Pixar　　157
Senge, Peter　　23

■あ行

アウェアネス　　70
アウトカム　　43, 73
アウトプット　　43, 72
アクティビティ　　43, 72
アジャイルセル　　12, 63, 178
アジャイルチーム（→自己管理チームも見よ）
　　13, 27, 63, 79, 105, 110〜119,
　　122〜123, 126, 137〜143, 178
アジャイルリーダー　　12, 15〜16, 18,
　　27〜28, 40, 63〜71, 76, 83, 87, 89,
　　105, 107, 115, 120, 126, 128, 146〜
　　153, 157, 163〜166, 175〜179

アジリティ　　62
　　――のスケーリング　　139〜143

意思決定　　75〜79
　　――の先延ばし　　79
依存関係　　4〜7, 77〜78
イノベーションセンター　　12
イノベーションの能力　　53
インキュベーター　　12

オーナーシップ　　70
オペレーティングモデル　　13〜16, 134
　　経験的――　　15〜16
　　従来の――　　15〜16
　　デュアル――　　134, 159

■か行

外部コーチ　　22
価値
　　現在の――　　53
　　未実現の――　　53
カードゲームによるフィードバック　　130
感情知性　　26

期待値　　158
キャリアパス　　87, 97〜100, 152〜153
競争的リーダーシップ　　94, 146

計画（の限界）　　10〜11
経験主義　　163
迎合的リーダーシップ　　93, 146
計測指標　　43, 53〜55
決定の遅延　　75〜79

謙虚さ　25
権限の委譲　87〜89

顧客　32
　　　——ペルソナ　34
　　　——満足度ギャップ（→満足度ギャップ
　　　も見よ）　53
個人
　　　——のスキルポートフォリオ　87,
　　　97〜100
　　　——のパフォーマンス　82
　　　——のパフォーマンス評価　128
コーチ　22, 119
コーチング　119
ゴール
　　　——の種類　45〜47
　　　戦略的——　45, 52, 55
　　　即時戦術——　45
　　　中間——　45, 52
　　　内部視点と外部視点の——　52〜53

■さ行
サイロ化　43, 77, 115
サーバントリーダーシップ　126

自己管理チーム（→アジャイルチームも見よ）
　　　21, 97, 139, 163
市場に出すまでの時間　53
社会的なインパクト　73
集団的な優柔不断　79
重要価値領域（KVA）　53
昇進　126〜127, 153
職能横断的なチーム　116〜117
触媒的リーダーシップ　92, 95〜96, 146,
　　　153〜154, 166〜176
自律　173〜175
進捗報告　155
信頼　51, 74, 168〜169
　　　——の欠如　51
心理的安全性　30, 128, 166〜169

スカンクワークス　12
スキル依存　142

スキルポートフォリオ　87, 97〜100
スケーリング
　　　アジリティの——　139〜143
　　　チーム組成の——　111〜112
ステークホルダー　110
スペシャリスト　117〜120

戦略的ゴール　45, 52, 55

相互信頼　31
即時戦術ゴール　45
ソシオクラシー 3.0　177
率直さ　157

■た行
多様性　27

チーム
　　　——横断的な依存　143
　　　——間の依存関係　77〜78
　　　——組成　21〜28, 109
　　　——組成のスケーリング　111〜112
　　　——に求められるスキル　120〜121
　　　——の規模の上限　140
　　　——の効果性　30〜32, 117〜118
　　　——のパフォーマンス　82
　　　——の分割　141
　　　——ビルディングワークショップ　111
　　　——プレイヤー　24〜26
　　　アジャイル——　13, 27, 63, 79, 105,
　　　110〜119, 122〜123, 126, 137〜143,
　　　178
　　　自己管理——　21, 97, 139, 163
　　　職能横断的な——　116〜117
中間ゴール　45, 52

ティーチング　119
デュアルオペレーティングモデル　134,
　　　159
デリゲーションのレベル　74〜75

闘争的リーダーシップ　93, 146
透明性　49〜52, 87, 100〜102, 156

——の欠如　49
トヨタ生産方式　64

■な行
内発的動機　30

■は行
パフォーマンス
　個人の——　82
　個人の——評価　128
　チームの——　82
バリューストリームマップ　76
ハングリー　25

ビルドとテストのプロセス　76
ヒーロー（主義）　87, 96

フィーチャーチームモデル　142
ブルームの教育目標分類　122
プレゼンス　70
プロダクト依存　143
文化　160〜163

ペルソナ　34

報酬　88, 126〜127, 151〜152
ボトムアップインテリジェンス　87, 102〜
　105
ボーナス　127
ホラクラシー　177

■ま行
マネジメント　3
マルチタスク　122
満足度ギャップ　33, 52, 53

見えない問題領域　66〜71
見える問題領域　66〜71
ミッションステートメント　55

『モチベーション 3.0』　30

■ら行
『理想のチームプレイヤー』　24〜26
リーダーシップ　3〜4, 107
　——が注力すべきステージ　73
　——のスタイル　90〜97, 146〜147
　——の評価　123〜126
　競争的——　94, 146
　迎合的——　93, 146
　サーバント——　126
　触媒的——　92, 95〜96, 146, 153〜
　　154, 166〜176
　闘争的——　93, 146

老子　161

■わ行
わかりやすさ　70
ワーキングアグリーメント　79, 123

プロフェッショナルアジャイルリーダー
——組織変革を目指すトップとチームの成長ストーリー

令和7年1月25日　発　行

訳　者　長　沢　智　治

発行者　池　田　和　博

発行所　丸善出版株式会社
〒101-0051 東京都千代田区神田神保町二丁目17番
編集：電話 (03) 3512-3261／FAX (03) 3512-3272
営業：電話 (03) 3512-3256／FAX (03) 3512-3270
https://www.maruzen-publishing.co.jp

© NAGASAWA Tomoharu, 2025

組版印刷・製本／三美印刷株式会社

ISBN 978-4-621-31053-3　C 3055　　　　Printed in Japan

本書の無断複写は著作権法上での例外を除き禁じられています.